AutoCAD 工程绘图实用教程

主编 马 慧 郭 琳 刘春光

参编 张红霞 李运杰 冯宝权

U0280724

机械工业出版社

本书针对 AutoCAD 软件，以训练绘图技能为出发点，依据现行的国家制图标准编写而成。本书共 10 章，主要内容包括：AutoCAD 2019 基础知识、简单二维绘图命令、二维编辑命令、复杂二维绘图命令、精确定点绘图与快速绘图、文字与表格、尺寸标注与设置、零件图与装配图的绘制、辅助绘图工具和打印输出。本书通俗易懂、图文并茂，并加入了二维码链接的视频，便于读者在短时间内快速掌握绘制工程图的基本方法和技能。

本书可作为高等职业学校、高等专科学校、成人高校及本科院校开设的二级职业技术学院机械类和近机类专业的计算机绘图教材，也可作为工程技术人员计算机绘图培训的教材和参考书。

图书在版编目（CIP）数据

AutoCAD 工程绘图实用教程/马慧，郭琳，刘春光主编. —北京：机械工业出版社，2020.12
ISBN 978-7-111-67012-4

Ⅰ.①A… Ⅱ.①马… ②郭… ③刘… Ⅲ.①工程制图-AutoCAD 软件-教材 Ⅳ.①TB237

中国版本图书馆 CIP 数据核字（2020）第 242062 号

机械工业出版社（北京市百万庄大街 22 号 邮政编码 100037）
策划编辑：王晓洁 责任编辑：王晓洁 安桂芳
责任校对：张 征 封面设计：王 旭
责任印制：郜 敏
河北宝昌佳彩印刷有限公司印刷
2021 年 2 月第 1 版第 1 次印刷
184mm×260mm·16.25 印张·396 千字
0001—1900 册
标准书号：ISBN 978-7-111-67012-4
定价：39.80 元

电话服务 网络服务
客服电话：010-88361066 机 工 官 网：www.cmpbook.com
010-88379833 机 工 官 博：weibo.com/cmp1952
010-68326294 金 书 网：www.golden-book.com
封底无防伪标均为盗版 机工教育服务网：www.cmpedu.com

前　言

随着计算机技术的迅猛发展，CAD 技术已广泛应用于各个领域，并成为提高产品与工程设计水平、缩短产品开发周期、增强产品竞争力和提高劳动生产率的重要手段。AutoCAD 是适应当今科学技术的快速发展和用户需要的面向 21 世纪的 CAD 软件，具有强大的设计功能和方便的管理功能。

本书针对 AutoCAD 2019 软件，以训练绘图技能为出发点，依现行的国家制图标准编写而成。本书具有以下特点：

1. 以训练绘图技能为出发点，按照工程绘图的思路和作图顺序编写，循序渐进地介绍了使用 AutoCAD 软件绘制工程图的基本技能及相关技术，使读者能掌握准确、快速绘制工程图的技能和技巧，并使所绘制的图样符合制图标准。

2. 由具有多年教学和工作经验的教师编写，依据现行的国家制图标准，介绍了利用 CAD 软件正确注写工程图中的各类文字，快速标注工程图中的各类尺寸，正确绘制剖面线、常用符号和代号，按制图标准快速绘制零件图和装配图的方法。

3. 文字精练、通俗易懂，内容由浅入深、由简到繁，图文并茂。本书对软件内容的介绍，根据工程绘图的需要做了有目的性的选择。

4. 选择的绘图图例包括平面图形、三视图、轴测图、零件图和装配图等。教学过程中可根据学时多少和学生的基础进行选择。

5. 考虑到三维建模应用软件较多，本书以二维绘图为主介绍 AutoCAD 2019 软件的新特点及其操作方法，附有大量的图例讲解和实训图例，使读者通过学习和实践就可以独立完成各种复杂图形的绘制。

6. 增加了二维码链接的视频，这是编者多年教学经验的结晶，是文字内容的补充和提升。视频主要针对书中各章上机练习与指导部分的图例介绍绘图技巧，从而提高读者的绘图效率。通过本书的学习和技能训练，读者可在短时间内掌握绘制工程图的基本方法和技能，并能独立绘制出标准的工程图。

本书由马慧、郭琳、刘春光任主编，参加编写的还有张红霞、李运杰、冯宝权。具体编写分工：第 1~5 章由郭琳编写，第 6 章和第 7 章由刘春光编写，第 8 章由马慧编写，第 9 章由张红霞编写，第 10 章由李运杰、冯宝权编写。

在本书的编写过程中，得到了有关领导与同事的大力协助，在此一并表示感谢。

由于编者水平有限，书中难免有错误和疏漏之处，恳请广大读者批评指正。

编　者

目　录

第1章 AutoCAD 2019基础知识

1.1 AutoCAD 2019 的启动与退出

1.1.1 启动

安装 AutoCAD 2019 后，系统会自动在桌面上添加快捷方式 A 图标。双击桌面上的 AutoCAD 2019 图标，即可启动 AutoCAD 2019 程序，进入 AutoCAD 2019 启动界面，如图 1-1 所示。

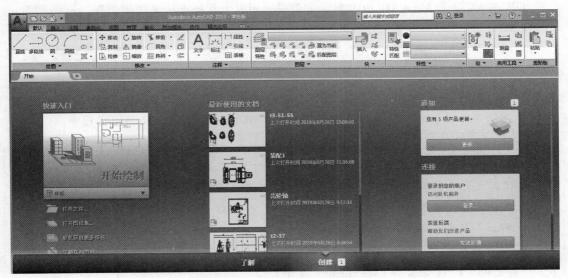

图 1-1　AutoCAD 2019 启动界面

该界面为用户提供了"了解"和"创建"两个绘图入门功能。默认打开的状态为"创建"页面。

"创建"页面中包括"快速入门""最近使用的文档""通知""连接"四个引导功能。单击"开始绘制"大图标，系统进入 AutoCAD 2019 工作空间，如图 1-2 所示。

默认状态下绘图区背景为网格，单击"显示图形栅格"按钮，绘图背景区则不显示网

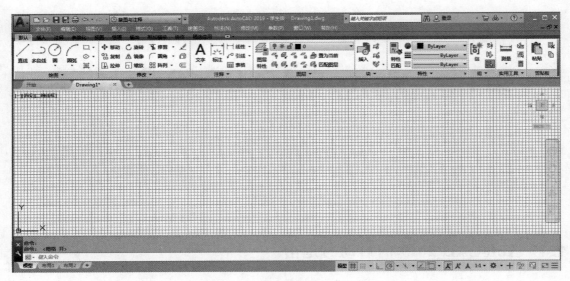

图 1-2　AutoCAD 2019 工作空间

格。默认状态下背景区颜色为黑色，绘图线的颜色为白色，其背景区颜色和绘图线颜色可以自行更改，更改方法将在后面章节中介绍。

1.1.2　退出

当用户需要退出 AutoCAD 2019 时，一般可采用以下几种方法来关闭程序，返回到 Windows 桌面。

1）单击左上角"菜单浏览器"按钮，在下拉菜单中单击"关闭"，退出程序。

2）单击标题栏右上方的"关闭"按钮，退出程序。

3）在命令行提示为"键入命令"时，输入"QUIT"后按<Enter>键退出程序。

> **提示：**
> ※ 退出时，会出现是否保存文件的提示窗口，有"是""否"和"取消"三个按钮。若需要保存文件，则单击"是"按钮，出现"图形另存为"对话框，用以指定文件保存的磁盘和文件名；若不需要保存文件，则单击"否"按钮，退出绘图界面；若不需要退出，则单击"取消"按钮，返回绘图界面。
> ※ 位于标题栏右上方的窗口按钮可分别实现 AutoCAD 2019 窗口的"最小化""最大化"（"恢复窗口大小"）和"关闭"。

1.2　AutoCAD 2019 用户操作界面及主要功能

用户操作界面由菜单浏览器、快速访问工具栏、切换工作空间、标题栏、菜单栏、信息搜索中心、功能区、绘图区、命令行、状态行等组成，如图 1-3 所示。

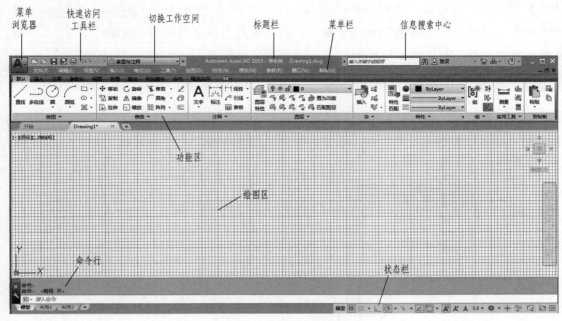

菜单浏览器　快速访问工具栏　切换工作空间　标题栏　菜单栏　信息搜索中心

功能区

绘图区

命令行　状态栏

图1-3　默认的用户操作界面

1.2.1　菜单浏览器

单击左上角"菜单浏览器"按钮 ，可通过访问浏览菜单来进行一些简单的操作。如图1-4所示，浏览菜单左侧显示"新建""打开""保存""另存为""输入""输出""发布""打印""图形实用工具""关闭"等常用命令或命令组；浏览菜单右侧显示"最近使用的文档"，可查看、排序和访问最近打开的文件。

使用"最近使用的文档"列表可查看最近使用的文件。单击右侧的"图钉"按钮 ，可以使文件保持在列表中，不论之后是否又保存了其他文件，该文件都将显示在"最近使用的文档"列表的底部，直至再次单击"图钉"按钮。

1.2.2　快速访问工具栏

快速访问工具栏 包含"新建""打开""保存""另存为""打印""放弃""重做"等常用命令，单击它们可以方便地进行命令操作。单击"快速访问工具栏"最右端的按钮 ，可弹出"自定义快速访问工具栏"下拉列表，如图1-5所示。该列表中勾选的命令

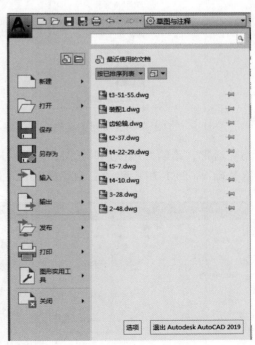

图1-4　浏览菜单

为工具栏中显示的按钮，其他为隐藏状态。若在该列表中选择 更多命令... 项，
即可以在工具栏中添加或删除相应的命令；若在该列表中选择 隐藏菜单栏 项，
即可以隐藏或显示菜单栏。

1.2.3 切换工作空间

单击切换工作空间右侧的小三角 草图与注释 ，可打开"切换工作空间"列
表。在"切换工作空间"列表中，可以选择"草图与注释""三维基础"和"三维建模"
三个工作界面，如图 1-6 所示。

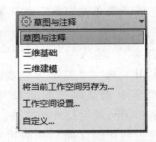

图 1-5 "自定义快速访问工具栏"下拉列表   图 1-6 "切换工作空间"列表

通常，绘制二维图形时选择"草图与注释"，如图 1-7a 所示；绘制三维图形时选择"三
维基础"（图 1-7b）和"三维建模"（图 1-7c）。

a)"草图与注释"工作界面

图 1-7 "切换工作空间"选项中的三个工作界面

b) "三维基础"工作界面

c) "三维建模"工作界面

图1-7 "切换工作空间"选项中的三个工作界面（续）

1.2.4 标题栏

标题栏 Autodesk AutoCAD 2019 - 学生版 Drawing1.dwg 位于工作界面的上方，其功能与其他Windows应用程序类似，用于显示AutoCAD 2019的程序图标及当前图形文件的名称。在用户第一次启动AutoCAD 2019时，其绘图窗口的标题栏中将显示AutoCAD 2019在启动时创建并打开的图形文件的名称"Drawing1"，如图1-3所示。

1.2.5 菜单栏

菜单栏 文件(F) 编辑(E) 视图(V) 插入(I) 格式(O) 工具(T) 绘图(D) 标注(N) 修改(M) 参数(P) 窗口(W) 帮助(H) 是Windows窗口特性功能与AutoCAD功能的综合体现，AutoCAD的绝大多数命令都可以在此找到。

单击菜单栏的某一名称，在其下方就会立刻弹出该菜单的下拉菜单，如图1-8所示。

若要选取某个菜单项，则应将光标移到该菜单项上，使之醒目显示，然后单击该项。某些项目是暗灰色的，表示在当前特定的条件下，这些功能不能使用。菜单项后面有符号"…"的，表示选中该菜单项后将会弹出一个对话框。菜单项右边有符号"▶"的，表示该菜单项有一个级联子菜单，将光标指向该菜单项，就可引出级联子菜单，如"圆（C）"命令。

> 提示：
>
> ※ 默认状态下，如果未显示菜单栏，但需要使用时，则可在"自定义快速访问"工具栏中选择 显示菜单栏 选项；如果要隐藏菜单栏，则可用相同方法选择 隐藏菜单栏 选项。

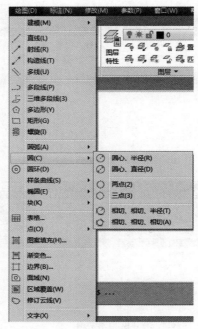

图 1-8 "绘图"下拉菜单

1.2.6 信息搜索中心

利用"信息搜索中心" ![键入关键字或短语 登录] 可快速搜索各种信息来源，访问产品更新和通告，以及在信息中心中保存主题。

在"信息搜索中心"文本框中输入要搜索的信息文字后，按<Enter>键或单击"搜索"按钮 ![按钮]，程序将自动搜索出所需要的文件及帮助文档，并把搜索的结果作为链接显示在"Autodesk AutoCAD 2019-帮助"窗口中，如图1-9所示。

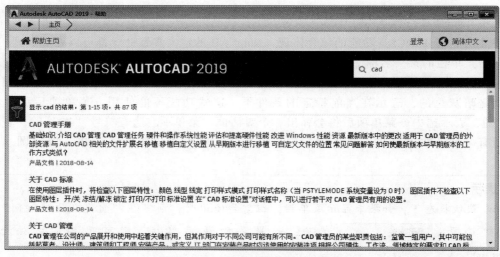

图 1-9 自动搜索的文件及帮助文档

1.2.7 功能区

功能区代替了 AutoCAD 众多的工具栏，以面板的形式将各工具按钮分门别类地集合在选项卡内。绘图时，单击某图标，即可调用相应的命令。如果光标在某个图标按钮上停留，则按钮旁边会显示出该按钮的名称，并随后弹出该命令的简要说明（称为工具提示）。

AutoCAD 2019 常用的命令面板如图 1-10 所示。图 1-10a 所示为"默认"选项下的命令面板，有"绘图""修改""注释""图层""块""特性"等；图 1-10b 所示为"注释"选项下的命令面板，有"文字""标注""中心线""引线""表格"等。

a)"默认"选项下的命令面板

b)"注释"选项下的命令面板

图 1-10 AutoCAD 2019 常用的命令面板

提示：

※ 面板中 | 绘图 ▼ | 区域，是"绘图"的相关命令按钮；"绘图"名称右侧的实心小三角表示还有其他的绘图命令可以选择。

※ 命令按钮名称下方或侧面的实心小三角表示还有相关的命令按钮可以选择，如当命令按钮显示 ✂ 修剪 ▼ 时，单击小三角则可以选择其中的 ┤ 延伸 ▼ 命令。

1.2.8 绘图区

绘图区位于用户界面的正中央，此区域是用户的工作区域，是显示绘制图形的区域。绘图区是没有边界、无限大的区域，无论尺寸多大或多小的图形都可以利用放大、缩小命令将图形显示在区域内。当移动鼠标时，绘图区会出现一个随光标移动的十字符号，该符号为十字光标，它由拾点光标和选择光标叠加而成。其中，拾点光标是点的坐标拾取器，当执行绘图命令时，显示为拾点光标；选择光标是对象拾取器，当选择对象时，显示为选择光标；当没有任何命令执行时，显示为十字光标，如图 1-11 所示。

1.2.9 命令行

命令行位于绘图区的左下方，是用户与 AutoCAD 程序对话的地方，显示用户从键盘上输入的命令信息，以及在操作过程中程序给出的提示信息，如图 1-12 所示。

a)十字光标　　b)拾点光标　　c)选择光标

图 1-11 光标的三种状态

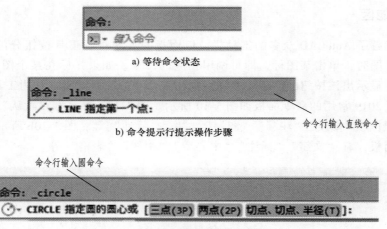

a) 等待命令状态

b) 命令提示行提示操作步骤

命令行输入直线命令

命令行输入圆命令

c) 命令提示行提示确定画图的四种方式

图 1-12　命令行与命令提示行

> **提示：**
>
> ※ 初学者在绘图时，应时刻注意命令行的各种提示，按提示步骤操作，以免出现错误。
>
> ※ 如果无意中丢失了命令行，则可按<Ctrl+9>组合键恢复。

1.2.10　状态栏

状态栏 位于 AutoCAD 2019 工作界面的右下部，用来显示和控制当前的操作状态。状态栏上设有模型或图纸空间、显示图形栅格、捕捉、正交限制光标、按指定角度限制光标、等轴测草图、显示捕捉参照线、将光标捕捉到二维参照点、显示/隐藏线宽、当前视图的注释比例、切换工作空间、全屏显示、自定义等工具模式，如图 1-13 所示。

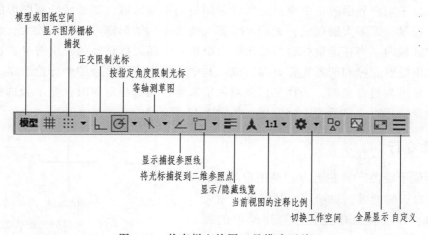

图 1-13　状态栏上绘图工具模式开关

状态栏中各种模式的功能如下：

（1）"模型" **模型** 模式　"模型"模式主要用于模型空间和图纸空间的切换。通常绘图空间是在模型模式下进行的，图纸空间模式用于打印输出图形的最终布局。

（2）"显示图形栅格" ▦ 模式　栅格相当于坐标纸，当栅格打开时（按钮按下状态，开关颜色变亮），栅格布满整片绘图区；栅格关闭时（开关颜色变暗），绘图区不显示栅格。栅格之间的距离可以通过"草图设置"对话框来设置。在"显示图形栅格"按钮处单击鼠标右键，选择"网格设置"，弹出"草图设置"对话框，如图1-14所示。在"捕捉和栅格"选项卡中设置栅格间距，栅格X轴间距（N）："10"，栅格Y轴间距（I）："10"。

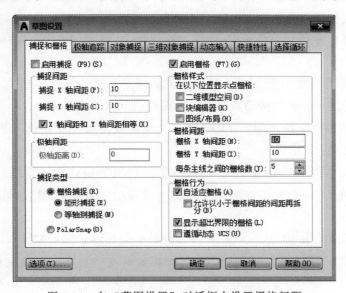

图1-14　在"草图设置"对话框中设置栅格间距

（3）"捕捉" ⣿ 模式　"捕捉"模式是指对栅格交点的捕捉，通常与栅格配合使用。捕捉打开时（按钮按下），光标移动总是停留在栅格的交点上。捕捉是准确、快速绘图的工具之一。捕捉间距设置与栅格间距设置的方法相同，如图1-14所示。在"捕捉和栅格"选项卡中设置捕捉间距，捕捉X轴间距（P）："10"，捕捉Y轴间距（C）："10"。通常捕捉间距与栅格间距设置一致。

> **提示：**
>
> ※ 绘图时，一般当"栅格"关闭时，"捕捉"也应该关闭。如果在绘图中光标不能自由移动，则说明"捕捉"模式没有关闭（光标还在捕捉栅格的交点）。

（4）"正交限制光标" ⌐ 模式　"正交限制光标"模式开关时（开关颜色变亮），所绘制的图线只能是水平或铅垂方向。若画倾斜线，则需要用键盘输入点的坐标来确定点的位置，通常绘图时关闭"正交限制光标"模式。

（5）"按指定角度限制光标" ⌔ 模式　"按指定角度限制光标"模式开关打开时，可方便地捕捉到所设角度线上的任意点，从而实现快速作图。"按指定角度限制光标"模式可以根据绘图需要设置极轴追踪角度和测量交点的方式，详细内容见 5.2 节。

（6）"等轴测草图" 模式 "等轴测草图"模式可从中选择等轴测图的各侧面，主要用于轴测图的绘制。

（7）"显示捕捉参照线" 模式 "显示捕捉参照线"模式开关打开时，在绘图命令的执行中，光标可以在图线上捕捉到所设置的特殊点，如端点、中点、交点等，能够实现快速、准确地作图。"显示捕捉参照线"模式中的定位点可以根据需要设置，详细内容见 5.1 节。

（8）"将光标捕捉到二维参照点" 模式 "将光标捕捉到二维参照点"模式与"显示捕捉参照线"模式的功能基本相同，两者的区别是设置的方式不同，"显示捕捉参照线"模式是在"草图设置"中确定对象捕捉；"将光捕捉到二维参照点"是在临时菜单中确定对象捕捉。

（9）"显示/隐藏线宽" 模式 "显示/隐藏线宽"模式开关打开时，所绘制的图线可以按已设置的线宽显示，否则将隐藏线宽，即图线以默认线宽显示。

（10）"当前视图的注释比例" **1:1**▾模式 "当前视图的注释比例"模式可显示和选择当前视图的注释比例。

（11）"切换工作空间" ⚙▾模式 "切换工作空间"模式有"草图与注释""三维基础"和"三维建模"三种工作空间，可在其中更换，当前的工作空间默认为"草图与注释"。

（12）"全屏显示" 模式 若打开"全屏显示"模式，则所绘制的图形将全屏显示。

（13）"自定义" 模式 状态栏中的各种模式可在"自定义"模式中设置为"显示"或"隐藏"。

1.3 AutoCAD 2019 图形文件管理

在绘制工程图样中，当需要绘制一个新的图样时，即新建图形文件；当对绘制的图形文件进行保存时，即保存图形文件；当对已保存的图形文件进行再编辑时，即打开图形文件。

1.3.1 新建图形文件

功能：在 AutoCAD 2019 工作界面建立一个新的图形文件。

1. 输入命令的方式

1）单击"快速访问工具栏"中的"新建"按钮，如图 1-15 所示。

2）从下拉菜单选取 "文件"→"新建"。

3）快捷键：<Ctrl+N>。

4）键盘输入：New ↙。

2. 命令的操作

1）上述任意一种方法都能打开"选择样板"对话框，如图 1-16 所示。该对话框默认打开系统预

图 1-15 "快速访问工具栏"
中的"新建"按钮

置的样板文件夹"Template"，该文件夹中的每个文件都是一个样板，可多次调用，文件的扩展名为".dwt"。在"选择样板"对话框中，"acad.dwt"是标准的米制模板。

2）可选择"acad"（新建文件的默认状态），如图1-16所示的选项。单击"打开"按钮，即可以新建一个图形文件。默认的新建图形文件名为"Drawing1"，之后新建图形文件名依次为"Drawing2""Drawing3""Drawing4"……

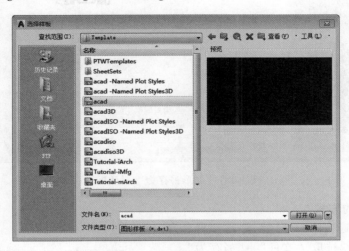

图1-16　"选择样板"对话框

1.3.2　保存图形文件

功能：将所绘制的图形以文件的形式存盘，且不退出绘图状态。

1. 输入命令的方式

1）单击"快速访问工具栏"中的"保存"按钮，如图1-17所示。

2）从下拉菜单选取"文件"→"保存"。

3）快捷键：<Ctrl+S>。

4）键盘输入：SAVE（或QSAVE）↙。

2. 命令的操作

对于新文件，采用以上任意一种方式保存，系

图1-17　"快速访问工具栏"中的"保存"按钮

统都会打开"图形另存为"对话框，用户可将文件赋名存盘。保存文件的类型为"Auto-CAD图形"，文件的扩展名为".dwg"，如图1-18所示。保存后的文件，除了"另存为"以外，再次保存时，不再出现此对话框。

提示：

※ 在绘图过程中，为了防止文件丢失，要经常保存。

1.3.3　另存图形文件

功能：当图形文件已经保存过，要再次进行保存时，系统会默认以相同的名称和路径进行保存。如果想以其他的名称和路径保存文件，则可采用"另存为"命令进行保存。

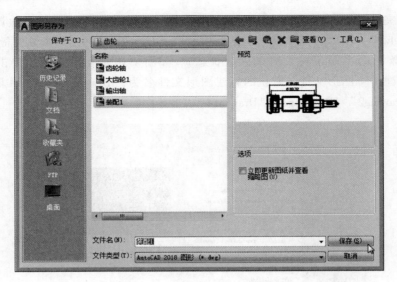

图 1-18　"图形另存为"对话框

1. 输入命令的方式

1）单击"快速访问工具栏"中的"另存为"按钮，如图 1-19 所示。

2）从下拉菜单选取"文件"→"另存为"。

3）快捷键：<Ctrl+Shift+S>。

4）键盘输入：SAVEAS↙。

2. 命令的操作

对需要重新命名的图形文件，单击"另存为"按钮，打开如图 1-18 所示的"图形另存为"对话框，重新设置路径和文件名即可。

图 1-19　"快速访问工具栏"中的"另存为"按钮

提示：

※ "保存"和"另存为"的功能都是保存文件，其区别是"保存"通常对已赋名的文件直接保存；"另存为"通常对已赋名的文件重新赋名。

1.3.4　打开图形文件

功能：在 AutoCAD 工作界面打开一个或多个已存盘的图形文件。

1. 输入命令的方式

1）单击"快速访问工具栏"中的"打开"按钮，如图 1-20 所示。

2）从下拉菜单选取"文件"→"打开"。

3）快捷键：<Ctrl+O>。

4）键盘输入：OPEN↙。

2. 命令的操作

当用以上任意一种方式打开图形文件时，都将出现"选择文件"对话框，在对话框中选中要打开

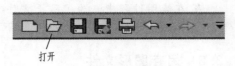

图 1-20　"快速访问工具栏"中的"打开"按钮

的文件后，单击"打开"按钮即可，如图 1-21 所示。

图 1-21　"选择文件"对话框

1.3.5　输入图形文件

输入图形文件主要用来导入其他绘图软件绘制的 2D 或 3D 图形，在命令行输入"IMP"后按<Space>（空格）键，系统会弹出"输入文件"对话框，在该对话框中选择要导入的文件格式和路径，然后单击"打开"按钮即可输入图形文件，如图 1-22 所示。

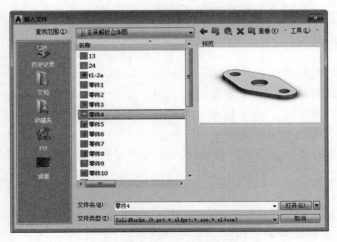

图 1-22　"输入文件"对话框

1.3.6　输出图形文件

输出图形文件主要用来将 AutoCAD 绘制的 2D 或 3D 图形导出到其他软件。

在命令行输入"EXP"后按<Space>键，系统会弹出"输出数据"对话框，在该对话框中选择要导出的路径和文件格式，然后单击"保存"按钮即可输出图形文件到其他软件进行图形交互，如图 1-23 所示。

图 1-23 "输出数据" 对话框

1.4 AutoCAD 坐标系

坐标系是最基本的定位手段，任何物体在空间中的位置都是通过一个坐标系定位的。要想正确、高效地绘图，首先必须理解各种坐标系的概念，掌握坐标系正确的输入方法，根据指定对象不同，AutoCAD 可分为世界坐标系和用户坐标系。

1.4.1 世界坐标系

AutoCAD 默认的坐标系是世界坐标系（World Coordinate System，WCS），它是一个固定不变的坐标系，其规定：水平向右为 X 轴正方向，沿 X 轴正方向向右为水平距离增加的方向；竖直向上为 Y 轴正方向，沿 Y 轴正方向向上为竖直距离增加的方向；Z 轴垂直于 XY 平面，沿 Z 轴垂直于屏幕向外为距离增加的方向。

世界坐标系总是存在于一个设计图形中，并且不可更改，如图 1-24 所示。

1.4.2 用户坐标系

用户坐标系（User Coordinate System，UCS）用来设置当前 UCS 的坐标原点和方向。UCS 是处于活动状态的坐标系，用于建立图形和模型的 XY 平面（工作平面）和 Z 轴方向。

在指定点、输入坐标和使用绘图辅助工具（如正交模式和栅格）时，可以控制 UCS 的原点和方向，以方便使用。如果视口的 UCSVP 系统变量设置为 1，则 UCS 可与视口一起储存。

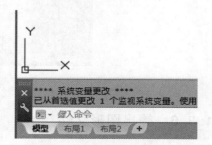

图 1-24 AutoCAD 2019 世界坐标系

默认的操作方法如下：在命令行输入 "UCS" 后按 <Space> 键，系统提示，如图 1-25a

所示。在绘图区选取指定坐标原点（此时，UCS 坐标原点将移动到指定点）后，系统提示如图 1-25b 所示。此时，X 轴随着光标旋转，单击确定 X 轴方向（图 1-26a）后，系统提示如图 1-25c 所示。在 XY 平面上指定点即确定 Y 轴方向，设置示例如图 1-26b、c 所示。

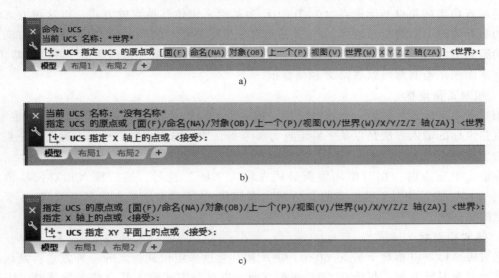

图 1-25　用户坐标系（UCS）命令默认操作提示

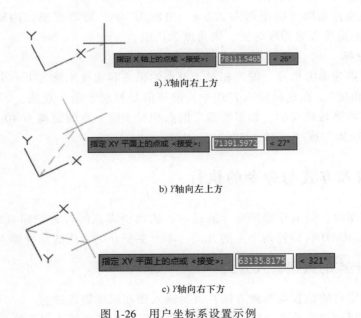

a) X 轴向右上方

b) Y 轴向左上方

c) Y 轴向右下方

图 1-26　用户坐标系设置示例

1.5　绝对坐标与相对坐标

在绘制图形对象时需要确定其位置，虽然直接通过十字光标也可以确定点的位置，但是这种方式通常不能准确地确定坐标点，而通过输入点的坐标方式来定位，则可以快速而精确地确定点的位置。

根据坐标轴的不同，坐标系又可以分为直角坐标系、极坐标系、球坐标系和柱坐标系。

1. 绝对直角坐标

绝对直角坐标是以坐标原点（0，0，0）为基点来定位其他点的方式。以这种方式输入某点的坐标值时，需要指示沿 X、Y、Z 轴相对于坐标原点（0，0，0）的距离及其方向，各轴上的距离值之间以英文状态下的逗号 "," 相隔，如果 Z 轴坐标值为 0，可以省略不写。因此，平面图形绘制都可以省略 Z 轴坐标值。

2. 相对直角坐标

相对直角坐标表示的是一个相对位置，相对于不同的对象，同一个点的坐标值也不同。相对直角坐标的输入方法是以某一特定点为参考点，然后输入相对位移值来确定下一点的位置，与坐标原点无关。

在输入坐标点时，相对坐标值前必须先输入 "@" 符号，然后输入相对位移值，如 "@15，−10" 表示相对于前一点的 X 方向向右偏移 15 个单位，Y 方向向下偏移 10 个单位所在点的坐标值。

3. 绝对极坐标

绝对极坐标是以相对于基点（0<0）的距离和角度来定位其他点的一种方式。默认的角度正方向是逆时针方向，起始 0° 为 X 轴正方向，以这种方式输入某点的坐标值时，距离与角度之间需用尖括号 "<" 分开。

如果某点与坐标系原点的距离为 20mm，角度为 30°，则该点坐标的输入方式为 "20<30"。如果角度的旋转方向为顺时针，则角度为负值。

4. 相对极坐标

以某一特定点为参考极点，输入相对于该点的距离和角度来确定下一个点的位置，其格式为 "@距离<角度"。在这种输入方式中，位移值是相对于前一点的，因为单点没有方向性，所以角度值始终是绝对的。如果要指定的点相对于前一点的距离为 40mm，角度为 30°，则应输入 "@40<30" 或 "@40<−330"。

1.6　点的输入方式与命令的执行

在绘制工程图时，需要按绘图命令的提示，给出所需点的位置，如直线的起点、终点，圆的圆心等。AutoCAD 有多种指定点的方式，本节主要介绍常用的几种输入方式。

1.6.1　平面上点的数据输入方式

在平面上确定点的位置有两种方法：键盘输入法和鼠标输入法。

键盘输入法指用键盘输入点的 x 和 y 坐标值。常用的键盘输入法有绝对直角坐标法、相对直角坐标法和相对极坐标法。

1）输入点的绝对直角坐标：x，y　　　　　　　　　（相对于坐标原点）

2）输入点的相对直角坐标：@x，y　　　　　　　　（相对于当前点）

3）输入点的相对极坐标：@长度<角度　　　　　　　（相对于当前点）

例 1-1　用三种不同的方式确定 a、b 两点，如图 1-27 所示。

解：（1）绝对直角坐标法（图 1-27a） 操作方法如下：

命令：单击 ╱ 按钮
　　　　直线

LINE 指定第一个点：<u>20，40</u>↙　　　　　　　　（*a* 点相对于坐标原点）

LINE 指定下一点或［放弃（U）］：<u>50，80</u>↙　　（*b* 点相对于坐标原点）

LINE 指定下一点或［放弃（U）］：↙　　　　　　（退出"直线"命令）

（2）相对直角坐标法（图 1-27b） 操作方法如下：

命令：单击 ╱ 按钮
　　　　直线

LINE 指定第一个点：<u>20，40</u>↙　　　　　　　　（*a* 点相对于坐标原点）

LINE 指定下一点或［放弃（U）］：<u>@ 30，40</u>↙　（*b* 点相对于 *a* 点）

LINE 指定下一点或［放弃（U）］：↙　　　　　　（退出"直线"命令）

（3）相对极坐标法（图 1-27c） 操作方法如下：

命令：单击 ╱ 按钮
　　　　直线

LINE 指定第一个点：<u>20，40</u>↙　　　　　　　　（*a* 点相对于坐标原点）

LINE 指定下一点或［放弃（U）］：<u>@ 50<53</u>↙　（*b* 点相对于 *a* 点的长度和角度）

LINE 指定下一点或［放弃（U）］：↙　　　　　　（退出"直线"命令）

提示：

※ *x* 和 *y* 坐标值之间用逗号分隔。

※ 上述方法中，常用的是相对直角坐标法和相对极坐标法。

※ "@" 和 "<" 符号通过键盘输入。

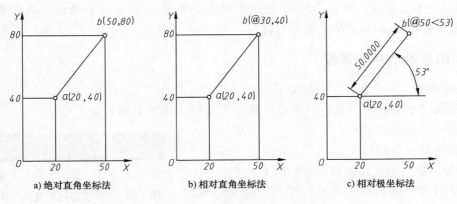

a) 绝对直角坐标法　　　　b) 相对直角坐标法　　　　c) 相对极坐标法

图 1-27　用三种方式确定 *a*、*b* 两点

1.6.2　输入命令的方式

AutoCAD 交互绘图必须输入必要的指令和参数。绘图中有多种输入命令的方式，以画直线为例介绍。

1. 在命令行输入命令名

在命令状态下，从键盘输入英文命令名，命令字符可不区分大小写，如输入"LINE

（line）"后按<Enter>键或<Space>键。或者在待命状态下输入命令名的首字母，然后选择命令行弹出列表中的相应命令。

2. 选择工具栏中的图标命令

单击工具栏对应图标，选择该图标后，在状态栏中也可以看到对应的命令及命令名。

3. 菜单命令

从下拉菜单中单击要输入的命令。

4. 右键菜单命令

在绘图区单击鼠标右键，从右键菜单中选择要输入的命令项或重复上一次命令。

5. 快捷键

按下相应的快捷键。

1.6.3 终止命令与执行命令的方式

1. 终止命令的方式

1）正常完成一条命令后自动终止。

2）在命令的执行过程中，若要退出该命令的执行，则按<Esc>键。

3）在执行命令过程中，从菜单或工具栏中调用另一条命令，绝大部分命令可终止。

2. 执行命令的方式

通常在执行命令的过程中，每完成一步都需要确认，其方法有：按<Enter>键、按<Space>键或单击鼠标右键。

1.6.4 重复上一个命令的输入

执行完一个命令后，可在命令行无命令状态下重复操作上一个命令，其方法有：按<Enter>键、按<Space>键或单击鼠标右键。

1.6.5 图形的放弃和重做

放弃是撤销上一个动作，方法如下：

1）单击"快速访问工具栏"中的"放弃"按钮，如图1-28所示。

2）输入"Undo"命令。

3）快捷键：<Ctrl+Z>。

重做是将放弃的操作返回，方法如下：

1）单击"快速访问工具栏"中的"重做"按钮，如图1-28所示。

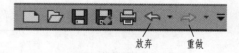

图1-28 "快速访问工具栏"中的"放弃"和"重做"按钮

2）输入"Redo"命令。

1.7 系统配置

AutoCAD 2019提供了很多的配置选项，可根据自己的需要选择设置。下面详细介绍默认的选项设置。

用户可以通过以下命令方式打开"选项"对话框。

1）菜单栏：选择"工具"→"选项"命令。

2）右键菜单：在命令行右击，或者（在未运行任何命令、也未选择任何对象的情况下）在绘图区右击，在弹出的快捷菜单中选择"选项"命令。

3）命令行：输入"OP↙"。

打开的"选项"对话框如图1-29所示。该对话框包括"文件""显示""打开和保存""打印和发布""系统""用户系统配置""绘图""三维建模""选择集"和"配置"选项卡。各选项卡的介绍如下。

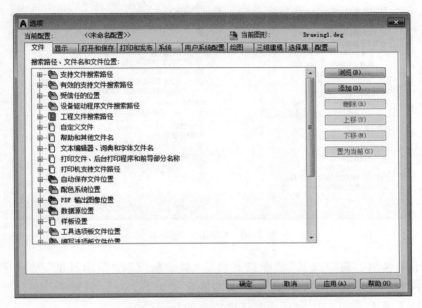

图1-29　"文件"选项卡

1.7.1 "文件"选项卡

在"文件"选项卡（图1-29）中的"搜索路径、文件名和文件位置"列表框中，系统以树状结构列出了AutoCAD的支持路径和相关支持文件的位置与名称，包括"支持文件搜索路径""有效的支持文件搜索路径""受信任的位置""设备驱动程序文件搜索路径""工程文件搜索路径""自定义文件""帮助和其他文件名""文本编辑器、词典和字体文件名""打印文件、后台打印程序和前导部分名称""打印机支持文件路径""自动保存文件位置""配色系统位置""PDF输出图像位置""数据源位置"等十多个选项，其部分选项的含义如下：

"自定义文件"：指定AutoCAD查找自定义文件和企业（共享）自定义文件的设置。

"文本编辑器、词典和字体文件名"：指定AutoCAD要用于创建、检查和显示位置对象的文件。

"打印文件、后台打印程序和前导部分名称"：指定AutoCAD打印图形时使用的文件。

"打印机支持文件路径"：指定AutoCAD打印机支持文件的搜索路径和位置。

"文件"选项卡一般保持默认状态即可，在安装其他的辅助工具时可以对其进行相应的设置。

1.7.2 "显示"选项卡

"显示"选项卡是用来设置 AutoCAD 窗口显示效果的，如图 1-30 所示。

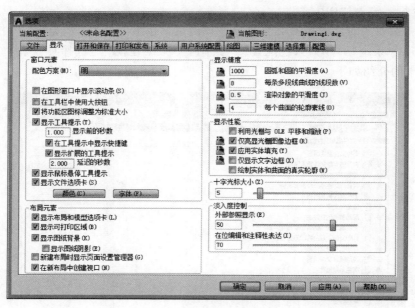

图 1-30 "显示"选项卡

该选项卡中包括"窗口元素""布局元素""显示精度""显示性能""十字光标大小"和"淡入度控制"选项组，各选项组的主要功能含义如下。

◎ "窗口元素"选项组：控制绘图环境特有的显示设置。

◎ "布局元素"选项组：控制现有的布局和新布局的选项，布局是一个图纸空间环境，用户可在其中设置图形进行打印。

◎ "显示精度"选项组：控制对象的显示质量，如果设置较高的值，则可提供较高的显示质量，但性能将受到显著影响。

◎ "显示性能"选项组：控制影响性能的显示设置。

◎ "十字光标大小"选项组：控制十字光标的尺寸。

◎ "淡入度控制"选项组：控制 DWG 外部参照和 AutoCAD 中参照编辑的褪色度的值。

1.7.3 "打开和保存"选项卡

"打开和保存"选项卡的功能是控制打开和保存文件，如图 1-31 所示。

该选项卡中包括"文件保存""文件安全措施""文件打开""应用程序菜单""外部参照"和"ObjectARX 应用程序"等选项组，各选项组的主要功能含义如下。

◎ "文件保存"选项组：控制保存文件的相关设置。

◎ "文件安全措施"选项组：帮助避免保存数据丢失以及检测错误。

◎ "文件打开"选项组：控制最近使用的文件数。

◎ "应用程序菜单"选项组：控制菜单栏的"最近使用的文档"快捷菜单中所列出的

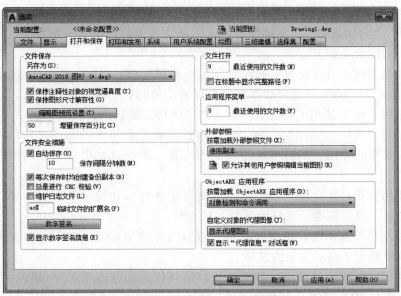

图 1-31 "打开和保存"选项卡

最近使用的文件数，以及控制菜单栏的"最近执行的动作"快捷菜单中所列出的最近使用的菜单动作数。

◎ "外部参照"选项组：控制与编辑和加载外部参照有关的设置。

◎ "ObjectARX 应用程序"选项组：控制"AutoCAD 实时扩展"应用程序及代理图形的有关设置。

1.7.4 "打印和发布"选项卡

"打印和发布"选项卡用于设置与打印和发布相关的选项，如图 1-32 所示。

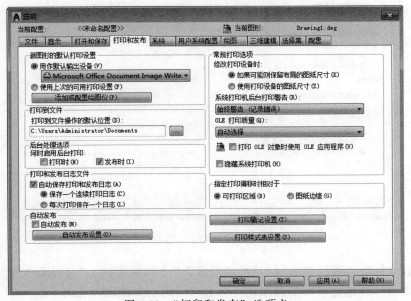

图 1-32 "打印和发布"选项卡

该选项卡中包括"新图形的默认打印设置""打印到文件""后台处理选项""打印和发布日志文件""自动发布""常规打印选项"和"指定打印偏移时相对于"等选项组，各选项组的主要功能含义如下。

◎ "新图形的默认打印设置"选项组：控制新图形或在 AutoCAD R14 或更早版本中创建的没有用 AutoCAD 2000 或更高版本格式保存的图形的默认输出设置。

◎ "打印到文件"选项组：为打印到文件操作指定默认位置。

◎ "后台处理选项"选项组：指定与后台打印和发布相关的选项。可以使用后台打印启动要打印或发布的作用，然后立即返回绘图工作，系统将在用户工作的同时打印或发布作业。

◎ "打印和发布日志文件"选项组：控制用于将打印和发布日志文件另存为逗号分隔值（CSC）文件（可以在电子表格中查看）的选项。

◎ "自动发布"选项组：指定图形是否自动发布为 DWF、DWFx（XPS 兼容）或 PDF文件。还可以控制用于自动发布的选项。

◎ "常规打印选项"选项组：控制常规打印环境（包括图纸尺寸设置、系统打印机警告方式和图形中的 OLE 对象）的相关选项。

◎ "指定打印偏移时相对于"选项组：指定打印区域的偏移是从可打印区域的左下角开始，还是从图纸的边开始。

1.7.5 "系统"选项卡

"系统"选项卡主要用于控制 AutoCAD 的系统设置，如图 1-33 所示。

图 1-33 "系统"选项卡

该选项卡中包括"硬件加速""当前定点设备""触摸体验""布局重生成选项""常规选项"和"数据库连接选项"等选项组，各选项组的主要功能含义如下。

◎ "硬件加速" 选项组：控制与二维、三维图形显示系统的配置相关的设置。

◎ "当前定点设备" 选项组：控制与定点设备相关的选项。

◎ "触摸体验" 选项组：控制触摸模式功能区面板的显示。

◎ "布局重生成选项" 选项组：指定模型选项卡和布局选项卡上的显示列表如何更新。对于每个选项卡，更新显示列表的方法可以是切换到该选项卡时重生成图形，也可以是切换到该选项卡时将显示列表保存到内存并只重生成修改的对象。修改这些设置可以提高系统性能。

◎ "常规选项" 选项组：控制与系统设置修改相关的基本选项。

◎ "数据库连接选项" 选项组：控制与数据库连接信息相关的选项。

1.7.6　"用户系统配置" 选项卡

"用户系统配置" 选项卡中包含控制优化工作方式的选项，如图 1-34 所示。

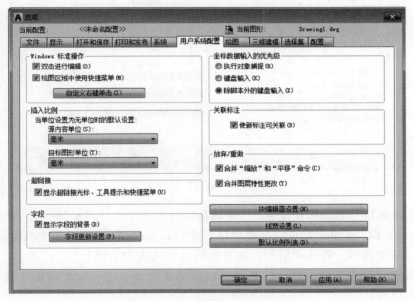

图 1-34　"用户系统配置" 选项卡

该选项卡中包括 "Windows 标准操作" "插入比例" "超链接" "字段" "坐标数据输入的优先级" "关联标注" 和 "放弃/重做" 等选项组，各选项组的主要功能含义如下。

◎ "Windows 标准操作" 选项组：控制双击编辑操作及 "默认" "编辑" 和命令模式的快捷菜单在绘图区域是否可用。

◎ "插入比例" 选项组：控制在图形中插入块和图形时使用的默认比例。

◎ "超链接" 选项组：控制与超链接的显示特性相关的设置。

◎ "字段" 选项组：设置与字段相关的系统配置。

◎ "坐标数据输入的优先级" 选项组：控制坐标数据输入优先级的设置。

◎ "关联标注" 选项组：控制是创建关联标注对象还是创建传统的非关联标注对象。

◎ "放弃/重做" 选项组：将多个连续的 "缩放" 和 "平移" 命令编组为单个动作来进行的 "放弃" 和 "重做" 操作。

在"用户系统配置"选项卡中还有"块编辑器设置""线宽设置""默认比例列表"等功能按钮。

1.7.7 "绘图"选项卡

"绘图"选项卡中包含设置多个编辑功能的选项（包括自动捕捉和自动追踪），如图 1-35 所示。

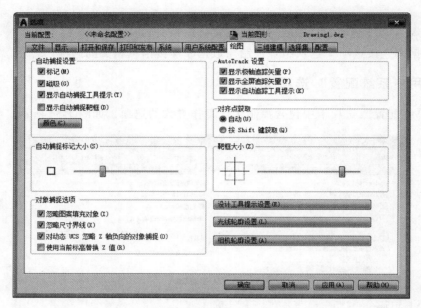

图 1-35 "绘图"选项卡

该选项卡中包括"自动捕捉设置""自动捕捉标记大小""对象捕捉选项""AutoTrack 设置""对齐点获取""靶框大小"等选项组和"设计工具提示设置""光线轮廓设置""相机轮廓设置"功能按钮，各选项组和功能按钮的主要功能含义如下。

◎ "自动捕捉设置"选项组：控制使用对象捕捉时显示的形象化辅助工具（称作自动捕捉）的相关设置。

◎ "自动捕捉标记大小"选项组：设置自动捕捉标记的显示尺寸。

◎ "对象捕捉选项"选项组：设置对象捕捉的相关选项。

◎ "AutoTrack 设置"选项组：控制与 AutoTrack（自动追踪）方式相关的设置，此设置在极轴追踪或对象捕捉追踪打开时可用。

◎ "对齐点获取"选项组：控制在图形中显示追踪矢量的方法。

◎ "靶框大小"选项组：设置对象捕捉靶框的显示尺寸。

◎ "设计工具提示设置"功能按钮：控制绘图工具提示的颜色、大小和透明度。

◎ "光线轮廓设置"功能按钮：显示光线轮廓的当前外观并在更改时进行更新。

◎ "相机轮廓设置"功能按钮：设置相机轮廓的外观。

1.7.8 "三维建模"选项卡

"三维建模"选项卡中包含设置在三维中使用实体和曲面的选项，如图 1-36 所示。

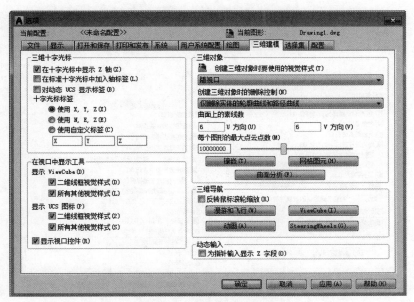

图 1-36 "三维建模"选项卡

该选项卡中包括"三维十字光标""在视口中显示工具""三维对象""三维导航"和"动态输入"等选项组，各选项组的主要功能含义如下。

◎ "三维十字光标"选项组：控制三维操作中十字光标显示样式的设置。

◎ "在视口中显示工具"选项组：控制 ViewCube 和 UCS 图标的显示。

◎ "三维对象"选项组：控制三维实体和曲面的显示的设置。

◎ "三维导航"选项组：设置"漫游和飞行""动画""ViewCube""SteeringWheels"选项以显示三维模型。

◎ "动态输入"选项组：控制坐标在使用动态输入时的显示。

1.7.9 "选择集"选项卡

"选择集"选项卡中包含设置选择对象的选项，如图 1-37 所示。

该选项卡中包括"拾取框大小""选择集模式""夹点尺寸""夹点""预览"等选项组，各选项组的主要功能含义如下。

◎ "拾取框大小"选项组：控制拾取框的显示尺寸。拾取框是在编辑命令中出现的对象选择工具。

◎ "选择集模式"选项组：控制与对象选择方法相关的设置。

◎ "夹点尺寸"选项组：控制夹点的显示尺寸。

◎ "夹点"选项组：控制与夹点相关的设置。在对象被选中后，其上将显示夹点，即一些小方块。

◎ "预览"选项组：控制活动状态的选择集，未激活命令时的选择集预览效果，调节视觉效果的各种参数。

在"选择集"选项卡中，用户可以设置选择预览的外观。单击"视觉效果设置"功能按钮，弹出"视觉效果设置"对话框，如图 1-38 所示。该对话框可用来设置选择预览效果

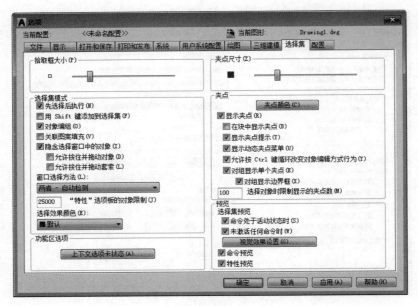

图 1-37 "选择集"选项卡

和区域选择效果。

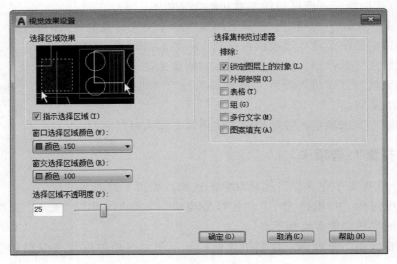

图 1-38 "视觉效果设置"对话框

1.7.10 "配置"选项卡

"配置"选项卡用于控制配置的使用，如图 1-39 所示。配置是由用户定义的。

"配置"选项卡中各功能按钮的含义如下。

◎ "置为当前"按钮：使选定的配置成为当前配置。

◎ "添加到列表"按钮：用其他名称保存选定配置。

◎ "重命名"按钮：重命名一个配置但又保留其当前设置。

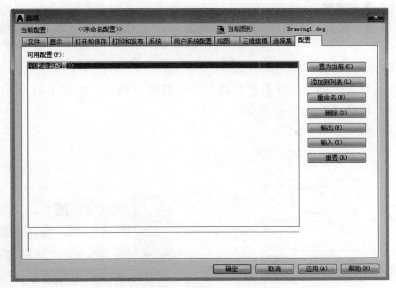

图 1-39 "配置"选项卡

◎ "删除"按钮：删除选定的配置（除非它是当前配置）。

◎ "输出"按钮：将配置文件输出为扩展名为".arg"的文件，以便与其他用户共享该文件。

◎ "输入"按钮：输入使用"输出"选项创建的配置文件（文件扩展名为".arg"）。

◎ "重置"按钮：将选定配置中的值重置为系统默认设置。

1.8 设置绘图环境与修改系统设置

绘制一张机械图样需要确定图幅，同时对所画图样的线型、线宽等要素进行设置。关于图纸幅面尺寸、各种线型的应用，可根据机械制图国家标准有关规定确定。学校教学中常用的图纸幅面为 A3（横放 420mm×297mm）和 A4（竖放 210mm×297mm）。

机械图样常用的线型有：粗实线、细实线、点画线、虚线、波浪线等。

1.8.1 图层的设置与管理

图层是计算机绘图软件共有的特性。设置图层主要是设置绘图中用到的各种线型、颜色和线宽等。

1. 图层的概念

图层相当于没有厚度的透明玻璃板，将图线的线型、线宽、颜色等设置在不同的板上，重叠在一起便形成了不同线型的图形。例如，将图形的主要线段、中心线、虚线、尺寸标注等分别绘制在不同的图层上，每个图层可设定不同的线型、线条颜色，然后把不同的图层堆栈在一起，成为一张完整的视图，这样可使视图层次分明，方便对图形对象进行编辑与管理。如图 1-40 所示，图形中的图线分别由点画线层、粗实线层、虚线层和细实线层叠加而成。

2．图层的设置与修改

（1）图层特性管理器　图层中的线型、线宽和颜色可以通过"图层特性管理器"对话框来设置。

输入命令的方式如下：

1）工具栏：单击"图层"工具栏中的"图层特性"按钮，如图1-41所示。

2）菜单栏：选择"格式"→"图层"。

3）命令行：输入"Layer↙"。

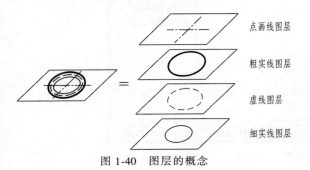

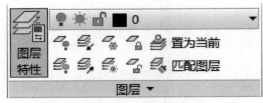

图1-40　图层的概念　　　　　　　　　图1-41　"图层特性"按钮

用上述方法打开"图层特性管理器"对话框，如图1-42所示。

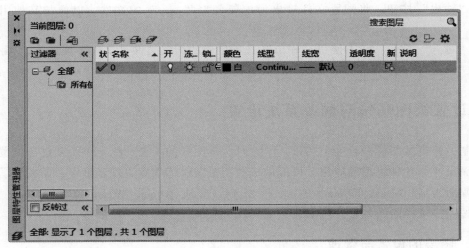

图1-42　"图层特性管理器"对话框

该对话框中　▣ ▣ ┃ ▤　三个按钮的功能如下。

◎ "新建特性过滤器"按钮▣：单击该按钮可以打开"图层过滤器特性"对话框，如图1-43所示。可以基于其中的一个或多个图层特性创建图层过滤器。

◎ "新建组过滤器"按钮▣：单击该按钮可以创建一个图层过滤器，其中包含用户选定并添加到该过滤器的图层。

◎ "图层状态管理器"按钮▤：单击该按钮可以打开"图层状态管理器"对话框，如图1-44所示，可以将图层的当前特性设置保存到一个命名的图层状态中，之后还可以恢复这些设置。

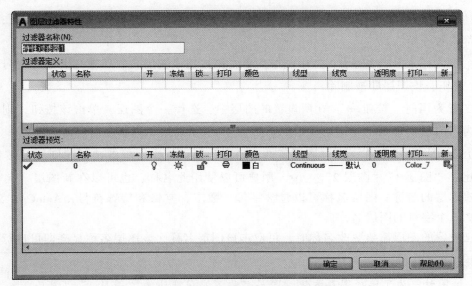

图 1-43　"图层过滤器特性"对话框

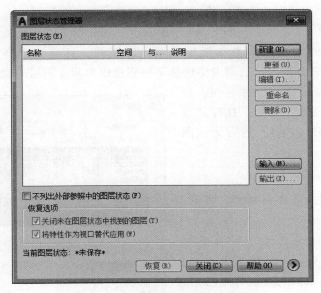

图 1-44　"图层状态管理器"对话框

该对话框中四个按钮的功能如下。

◎ "新建图层"按钮：单击该按钮可以创建新图层，可以为图层设置名称、选择图层颜色、设置线型及线宽，如图 1-45 所示。图层列表中，"0 层"为默认图层，其名称不可更改。

图 1-45　新建"图层 1"

◎ "在所有视口中都被冻结的新图层视口"按钮：单击该按钮选中的图层在所有的视口中都将被冻结。

◎ "删除图层"按钮：选中图层后单击该按钮该图层名称即被打上删除记号，单击"应用"按钮，该图层即被删除。

◎ "置为当前"按钮：在所设置的图层中，选择一个图层，单击该按钮，则该图层被设置为当前层（即当前绘图所使用的图层），并显示在绘图屏幕的图层窗口上。

（2）设置图层的名称　在"图层特性管理器"对话框中，单击"新建图层"按钮，可依次建立"图层1""图层2"……，用户可以使用此名称，也可以在新图层"名称"中填写新建图层的名称。图层名称可以包含字母、数字、空格和特殊符号，AutoCAD 2019支持长达255个字符的图层名称。

当已设置的图层需要更改名称时，可双击该图层名称，该图层名称显亮即可进行更改。

> **提示：**
>
> ※ 绘图时，为了选择图层方便，图层名称不能用默认的"图层1""图层2"……图层的名称最好与线型的名称相同，如设置"粗实线"（"csx"）、"细实线"（"xsx"）、"点画线"（"dhx"）、"虚线"（"xx"）等。

（3）设置图层的颜色　单击新图层"颜色"按钮，打开"选择颜色"对话框，如图1-46所示。在"索引颜色"选项卡中选择某种颜色作为新建图层的颜色。

当已设置的图层需要更改颜色时，可单击该图层中的"颜色"按钮，打开"选择颜色"对话框（图1-46），然后为该图层重新选择颜色。

> **提示：**
>
> ※ 图层的颜色没有统一规定，用户可以自行选择。
>
> ※ 当绘图区是黑色背景时，"0层"图线颜色默认为白色；当绘图区是白色背景时，"0层"图线颜色默认为黑色。

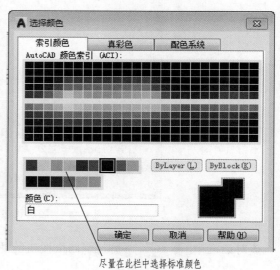

尽量在此栏中选择标准颜色

图1-46　"选择颜色"对话框

（4）设置图层的线型　单击新图层中的"线型"，可打开"选择线型"对话框（默认只有一种连续线 Continuous），如图1-47所示。

若没有所需要的线型，则单击"加载"按钮，弹出"加载或重载线型"对话框，如图1-48所示，从中选择所需要的线型（如中心线 CENTER），单击"确定"按钮，返回"选择线型"对话框，选择所需要的线型（CENTER），单击"确定"按钮，中心线"CENTER"则显示在已加载的线型窗口中，如图1-49所示。

图1-47　"选择线型"对话框

图1-48　"加载或重载线型"对话框

加载了中心线"CENTER"和虚线"ACAD_ISO02W100"的"选择线型"对话框，如图1-49所示。选择要设置的线型CERTER（选中时该行为蓝色），单击"确定"按钮，完成中心线层的线型设置。

当已经设置的线型需要更改时，可在该图层单击"线型"，打开"选择线型"对话框，如图1-49所示，重新选择所需要的线型，即可为该图层更改线型。

> **提示：**
> ※ 加载的线型不默认为当前线型，要注意选择的是否正确。

（5）设置图层的线宽　单击新图层中的"线宽"（默认），可打开"线宽"对话框，如图1-50所示。在该对话框中，选择某值（如粗实线0.50mm）为该图层的线宽，单击"确定"按钮即可设置。当已设置的线宽需要更改时，可单击该图层中的"线宽"按钮，打开"线宽"对话框，重新选择线宽。

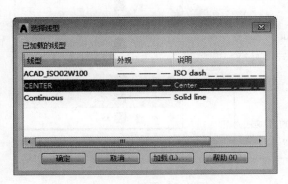

图1-49　"选择线型"对话框
（加载了中心线和虚线后）

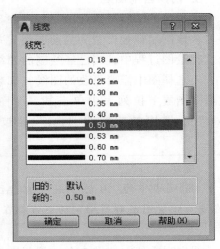

图1-50　"线宽"对话框

例1-2　根据工程制图国家标准的规定，按表1-1给出的各图层的参数设置图层。

表1-1 各图层参数设置

名称	颜色	线型	线宽
粗实线	红色	Solid line(实线)	0.5mm
细实线	黄色	Solid line(实线)	0.25mm
细点画线	绿色	Center(中心线)	0.25mm
细虚线	青色	ISO dash(虚线)	0.25mm

注：1. 图层名称也可以不用汉字，如英文、拼音全拼、拼音字头等。

2. 颜色可以自行选择。

3. 常用的线型最好按表中选择。

4. 线宽一般先确定粗实线（工程图样常用0.5mm），细实线、点画线、虚线的线宽均是粗实线的一半。

设置图层示例如图1-51所示。

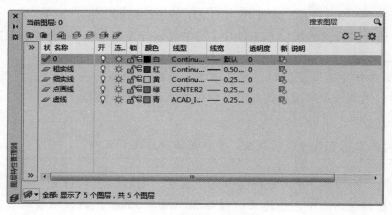

图1-51 设置图层示例

3. 切换当前图层

设置过的图层可以在图层列表中显示，如图1-52所示。从图层下拉列表中选择一个图层名，该图层即被设置为当前图层，并显示在该窗口上。在绘图过程中，当已经绘制的图线需要更换图层时，先选择图中需要更改的图线（如粗实线"csx"），然后在图层下拉列表中单击某一个图层（如细实线"xsx"），选中的粗实线"csx"即被更改为细实线"xsx"。

> **提示：**
> ※ 列表中的"0层"是AutoCAD默认的图层，在没有设置图层时所绘制的图线都在"0层"。

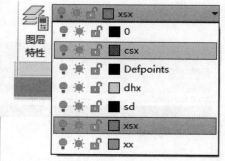

图1-52 用"图层列表"切换当前图层

图层列表的左侧有3个"控制开关" 💡 ☀ 🔓，如图1-53所示。

各"控制开关"的功能如下。

（1）💡开/关图层 单击💡，可打开或关闭该图层。打开该图层时，其图标为黄色；关闭该图层时，其图标为蓝色。当前图层被关闭时，该图层上的图形被隐藏，只有处于打开状态的图层才能在绘图区显示或由打印机打印出来。因此，绘制复杂的视图时，可先将不编辑的图层关闭，从而降低图形的复杂性。

（2）冻结/解冻 当某图层被冻结时，该图层上的对象均不会显示在绘图区，也不能由打印机打印出图，而且不能执行"重生""缩放""平移"等命令的操作。因此，将视图中不编辑的图层暂时冻结，可加快执行绘图编辑的速度。而功能只是将对象隐藏，因此并不会加快执行速度。

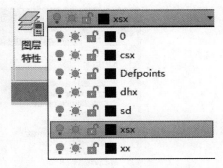

图1-53 图层列表中的"控制开关"

（3）锁定/解锁 当锁定某图层时，该图层的图形仍然显示在绘图区，可以绘图，但不可以编辑修改被锁定的对象，这样可以防止重要的图形被修改。

提示：

※ 单击这三个控制开关，就可以实现打开和关闭图层，其显示如图1-54所示。

※ 注意在切换图层的操作中不要单击"控制开关"，避免无意中关闭某开关。

控制开关全部关闭状态

控制开关全部打开状态

图1-54 图层列表中"控制开关"的开/关状态

1.8.2 修改系统设置

1. 绘图区背景的修改

AutoCAD 2019的绘图区背景默认设置为黑色，可在"选项"对话框中改变绘图区的背景颜色。

操作步骤如下：

1）单击菜单栏"工具"→"选项"，弹出"选项"对话框，打开"显示"选项卡，如图1-55所示。

2）单击"窗口元素"选项组中的"颜色"按钮，弹出"图形窗口颜色"对话框，如图1-56所示。

3）在"图形窗口颜色"对话框的"上下文"窗口中选择"二维模型空间"选项，在"界面元素"窗口中选择"统一背景"选项，在"颜色"下拉列表中选择"白"选项，然后单击"应用并关闭"按钮，返回"选项"对话框。

4）修改完成后，单击"选项"对话框中的"确定"按钮，完成修改。

2. 显示线宽及线宽设置

默认的系统配置是不显示线宽的，即所绘制的图形显示为相同的细线。若要显示线宽，则需要按如下步骤进行操作。

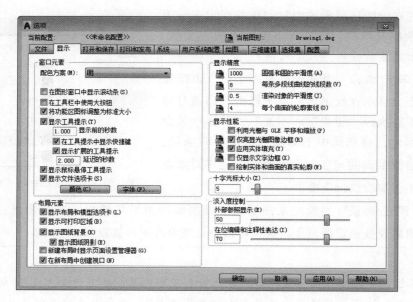

图 1-55　"显示"选项卡

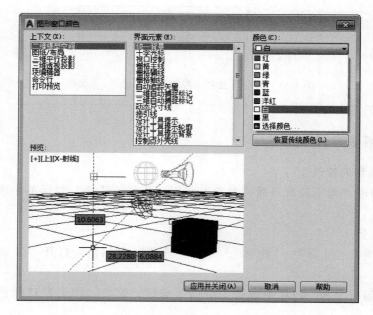

图 1-56　"图形窗口颜色"对话框

1）打开"选项"对话框中的"用户系统配置"选项卡，如图 1-57 所示。

2）单击"线宽设置"按钮，弹出"线宽设置"对话框，如图 1-58 所示。

3）在"线宽设置"对话框中，选中"显示线宽"选项，在"调整显示比例"中拖动滑块至第二格位置，其他选项可直接按系统默认设置，然后单击"应用并关闭"按钮，返回"选项"对话框。

4）修改完成后，单击"选项"对话框中的"确定"按钮，完成修改。

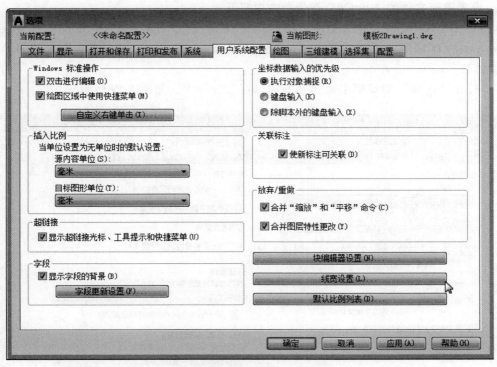

图 1-57　"用户系统配置"选项卡

图 1-58　"线宽设置"对话框

提示：

※ 在线宽列表中一定不要改变默认的选项"ByLayer"（随图层）。

※ 将"调整显示比例"的滑块向右拖动，线宽渐粗，向左拖动，线宽渐细。滑块在最左端位置时显示的线宽与用户所设置的线宽一致。

※ "显示线宽"的设置并不影响线宽的实际尺寸，只是在显示上有所变化。

※ 在"显示线宽"状态下绘图，可观察图中粗细线是否正确。

※ 在 A3 图幅下绘制的工程图样，通常"调整显示比例"的滑块在第二格时显示效果较好。

3. 设置图形文件的 AutoCAD 在低版本中打开

AutoCAD 2019 保存图形的文件类型的默认设置是"AutoCAD2018 图形（∗.dwg）"，若要使 AutoCAD 2019 中绘制的图形能在 AutoCAD 低版本中打开，则应修改默认设置。其操作步骤如下：

1）打开"选项"对话框中的"打开和保存"选项卡，如图 1-59 所示。

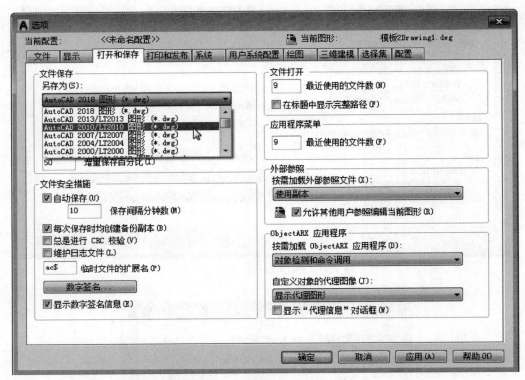

图 1-59 "打开和保存"选项卡

2）打开"文件保存"选项组中的"另存为"下拉列表，从中选择所希望保存的文件类型选项。若选择的是"AutoCAD 2010/LT2010 图形（∗.dwg）"文件类型，则可以将 Auto-CAD 2019 中保存的图形文件在 AutoCAD 2010 版本中打开。

3）修改完成后，单击"选项"对话框中的"确定"按钮，完成修改。

上机练习与指导

1-1　设置绘图环境，要求：绘图区背景为"白色"；极轴角为 30°；调整显示线宽比例；设置粗实线层、细实线层、点画线层、虚线层、尺寸层、文字层。

操作提示：

1）首先启动 AutoCAD 2019 程序，进入绘图界面。

2）设置绘图环境。

① 用"选项"对话框修改四项默认的系统配置

选择"显示"选项卡，设置绘图区背景色为白色。

选择"打开和保存"选项卡,设置图形文件在 AutoCAD 2010 及其以前的版本中可以打开。

选择"用户系统配置"选项卡,单击"线宽设置"按钮,选中"显示线宽",将"调整显示比例"滑块滑至左侧第二格。

选择"用户系统配置"选项卡,单击"自定义右键单击"按钮,设置"默认模式"为"重复上一个命令"。

② 设置状态栏上辅助绘图工具模式。打开状态栏上"极轴追踪""对象捕捉""对象捕捉追踪"模式开关。

右击"极轴追踪"按钮,单击"正在极轴追踪",在"草图设置"对话框的"极轴角设置"中选择极轴角为30°;在"对象捕捉追踪设置"中单击"用所有极轴角设置追踪"。

③ 设置图层。采用"图层"命令新建图层并按表1-2的要求设置图层:

表 1-2　图层要求

层名	颜色	线型	线宽/mm
图层1:粗实线(或 csx)	黑色	Continuous	0.5
图层2:细实线(或 xsx)	黑色	Continuous	0.25
图层3:点画线(或 dhx)	红色	Center	0.25
图层4:虚线(或 xx)	黄色	Dashed(.5×)	0.25
图层5:标注(或 bz)	黑色	Continuous	0.25
图层6:文字(或 wz)	黑色	Continuous	0.25

3)保存设置。单击"保存"按钮,在"另存为"对话框中,以"绘图环境设置"为文件名,文件类型为".dwt"保存在选定的磁盘上(学生可以保存在个人 U 盘上)。

说明:

".dwt"扩展名是模板文件,可以重复使用。每次绘图可以用"打开"按钮在保存的磁盘上调用。

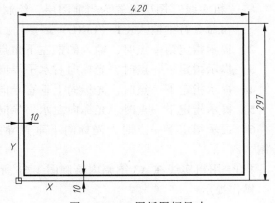

图 1-60　A3 图纸图幅尺寸

1-2　绘制一张 A3(420mm×297mm)图幅的图纸(图幅格式如图 1-60 所示),并以"A3 图纸横放"命名保存。

操作提示:

方法一:用绝对坐标法画线(关闭状态栏中的"极轴追踪""对象捕捉""对象捕捉追踪"按钮)。

将"细实线"图层设置为当前图层,绘制细实线矩形。

1)在命令行中输入:L(LINE)✓(或单击"直线"命令)。

2)提示指定第一点时,输入图框左下角点坐标0,0✓。

3）提示指定下一点时，输入右下角点坐标 420，0✓。

4）提示指定下一点时，输入右上角点坐标 420，297✓。

5）提示指定下一点时，输入左上角点坐标 0，297✓。

6）提示指定下一点时，输入左下角点坐标 0，0✓，完成细实线矩形绘制。

将"粗实线"图层设置为当前图层，绘制粗实线矩形。

1）在命令行中输入：L（LINE）✓（或单击"直线"命令）。

2）提示指定第一点时，输入图框左下角点坐标 10，10✓。

3）提示指定下一点时，输入右下角点坐标 410，10✓。

4）提示指定下一点时，输入右上角点坐标 410，287✓。

5）提示指定下一点时，输入左上角点坐标 10，287✓。

6）提示指定下一点时，输入左下角点坐标 10，10✓，完成粗实线矩形绘制。

方法二：用极轴追踪法画线（打开状态栏中的"极轴追踪""对象捕捉""对象捕捉追踪"按钮）。

将"细实线"图层设置为当前图层，绘制细实线矩形。

1）在命令行中输入：L（LINE）✓。

2）提示指定第一点时，输入图框左下角点坐标 0，0✓。

3）提示指定下一点时，光标向右水平导向输入图幅长度 420✓。

4）提示指定下一点时，光标向上垂直导向输入图幅宽度 297✓。

5）提示指定下一点时，光标向左水平导向输入 420✓。

6）提示指定下一点时，光标向下垂直导向捕捉矩形左下角点后✓，完成细实线矩形绘制。

将"粗实线"图层设置为当前图层，绘制粗实线矩形。

1）在命令行中输入：L（LINE）✓。

2）提示指定第一点时，输入图框左下角点坐标 10，10✓。

3）提示指定下一点时，光标向右水平导向输入图幅长度 400✓。

4）提示指定下一点时，光标向上垂直导向输入图幅宽度 277✓。

5）提示指定下一点时，光标向左水平导向输入 400✓。

6）提示指定下一点时，光标向下垂直导向捕捉矩形左下角点后✓，完成粗实线矩形绘制。

1-3 用粗实线在 A3 图幅内绘制图 1-61 所示平面图形（不标注尺寸）。

操作提示：

1）打开"A3 图纸横放"文件。

2）分析各图形在图幅中的位置，确定各图形的第一个输入点，依次用相对直角坐标法和相对极坐标法画出各直线，完成各图形。

3）以"平面图形"命名保存。

提示：

※ 在绘图过程中，初学者常会将图形弄丢（即在绘图区不显示图形），此时可在命令状态下，输入"Z"后按<Enter>键，选择命令行中的"全部（A）"，确认后图形即可全部显示在屏幕上。

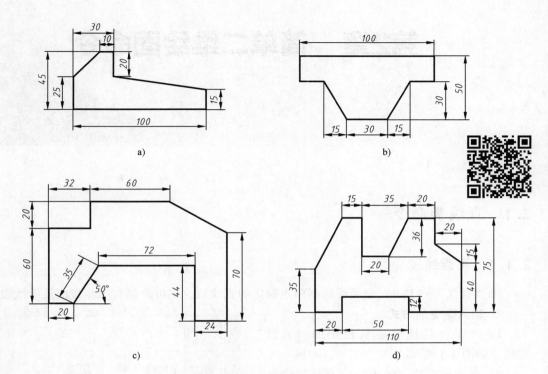

图 1-61　平面图形

第2章 简单二维绘图命令

2.1 直线类命令

2.1.1 画直线段

用"直线"（LINE）命令可绘制两点确定的直线段，也可绘制首尾相接的连续线段。

1. 输入命令的方式

1）单击"绘图"工具栏中的"直线"
按钮，如图2-1所示。

2）单击菜单栏"绘图"→"直线"命令。

3）键盘输入：LINE 或 L↙。

2. 命令的操作

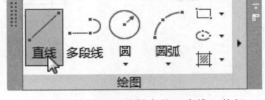

图2-1 "绘图"工具栏中的"直线"按钮

命令：(输入"直线"命令)

LINE 指定第一点：(用鼠标在绘图区指定第一条直线的起点)

LINE 指定下一点或[放弃(U)]：(指定第一条直线的端点)

LINE 指定下一点或[放弃(U)]：(指定第二条直线的端点或输入"U"放弃上一个输入点)

LINE 指定下一点或[闭合(C)/放弃(U)]：(指定第三条直线的端点或输入"C"与第一个输入点相接,使线框闭合)

LINE 指定下一点或[闭合(C)/放弃(U)]：(指定直线的下一个端点或按<Enter>键结束该命令)

> **提示：**
>
> ※"闭合（C）"选项必须是在一个命令下连续画的两条以上线段可形成闭合条件的情况下使用。

2.1.2 画构造线

用构造线画工程图中的图架线、辅助线、射线等，可按指定的方式和距离绘制一条或多条无限长的直线。

1. 输入命令的方式

1）单击"绘图"工具栏中的"构造线"按钮，如图 2-2 所示。

2）单击菜单栏"绘图"→"构造线"命令。

3）键盘输入：XL↙。

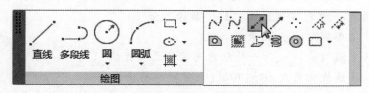

图 2-2　"绘图"工具栏中的"构造线"按钮

2. 命令的操作

（1）指定两点画直线（默认项）　该选项可画一条或一组穿过起点和各通过点的无穷长直线。其操作如下：

命令：(输入"构造线"命令)

XLINE 指定点或[水平(H)/垂直(V)/角度(A)/二等分(B)/偏移(O)]：(任意定点或捕捉定点)

XLINE 指定通过点：(通过点画出一条直线)

XLINE 指定通过点：(通过点再画一条直线，或按<Enter>键结束该命令)

（2）按指定点画水平线　"水平（H）"选项可画一条或一组穿过指定点并平行于 X 轴的无穷长直线。其操作如下：

命令：(输入"构造线"命令)

XLINE 指定点或[水平(H)/垂直(V)/角度(A)/二等分(B)/偏移(O)]：H↙或单击命令行"水平(H)"选项

XLINE 指定通过点：(通过点画出一条水平线)

XLINE 指定通过点：(通过点再画一条水平线，或按<Enter>键结束该命令)

（3）按指定点画垂直线　"垂直（V）"选项可画一条或一组穿过指定点并垂直于 X 轴的无穷长直线。其操作如下：

命令：(输入"构造线"命令)

XLINE 指定点或[水平(H)/垂直(V)/角度(A)/二等分(B)/偏移(O)]：V↙或单击命令行"垂直(V)"选项

XLINE 指定通过点：(通过点画出一条铅垂线)

XLINE 指定通过点：(通过点再画一条铅垂线，或按<Enter>键结束该命令)

（4）按指定角度画线　"角度（A）"选项可画一条或一组指定角度的无穷长直线。其操作如下：

命令：(输入"构造线"命令)

XLINE 指定点或[水平(H)/垂直(V)/角度(A)/二等分(B)/偏移(O)]：A↙或单击命令行"角度(A)"选项

XLINE 输入构造线的角度(O)或[参照(R)]：(输入所绘线的倾斜角度)

XLINE 指定通过点：(通过点画出一条指定角度的斜线)

XLINE 指定通过点：(通过点再画一条指定角度的斜线，或按<Enter>键结束该命令)

> **说明：**
>
> 　　若在"输入构造线的角度（O）或［参照（R）］："提示行选"参照"选项，可方便地绘制任意直线的垂直线或其他角度的直线。如图 2-3 所示，绘制一条与已知直线"1"垂直（或指定角度）的无穷长直线"2"，其操作如下：
>
> 　　在提示行选"参照"后，提示行出现：
>
> XLINE 选择直线对象：(选择一条任意角度的已知直线"1")
>
> XLINE 输入构造线的角度<O>：90↙(也可输入其他角度)
>
> XLINE 指定通过点：(通过点"2"画出一条与直线"1"垂直的无穷长直线)
>
> XLINE 指定通过点：(通过点再画一条与所选直线垂直的无穷长直线，或按<Enter>键结束该命令)
>
>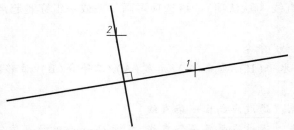
>
> 图 2-3　绘制与"已知直线"垂直的构造线

　　（5）按指定三点画角平分线　"二等分（B）"选项可通过给定三点画一条或一组无穷长直线，该直线穿过第"1"点，并平分由第"1"点为顶点、与"2"点和"3"点组成的夹角（∠213），如图 2-4 所示。其操作如下：

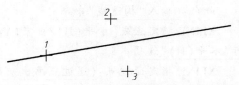

图 2-4　按"二等分"选项绘制构造线示例

命令：(输入"构造线"命令)

XLINE 指定点或［水平（H）/垂直（V）/角度（A）/二等分（B）/偏移（O）］：B↙或单击命令行"二等分（B）"选项

XLINE 指定角的顶点：(指定第"1"点)

XLINE 指定角的起点：(指定第"2"点)

XLINE 指定角的端点：(指定第"3"点)

XLINE 指定角的端点：↙(画出一条∠213 的角平分线)

　　（6）画所选直线的平行线　"偏移（O）"选项可选择一条任意方向的直线来画一条或一组与所选直线平行的无穷长直线。其操作如下：

命令：(输入"构造线"命令)

XLINE 指定点或［水平（H）/垂直（V）/角度（A）/二等分（B）/偏移（O）］：O↙或单击命令行"偏移（O）"选项

XLINE 指定偏移距离或［通过（T）］<20>：(指定偏移的距离)

XLINE 选择直线对象：(选择一条已知的无穷长直线或直线段)

XLINE 指定向哪侧偏移：(在要画线的一侧用鼠标指定任意点，在该侧画出一条与所选直线为指定距离的平行线)

XLINE 选择直线对象：(按上面操作再画一条线，或按<Enter>键结束该命令)

2.2　圆类命令

2.2.1　画圆

用"圆"（CIRCLE）命令可按指定的方式画圆，系统提供了以下六种画圆的方式：①指定圆心、半径画圆；②指定圆心、直径画圆；③三点方式画圆；④两点方式画圆；⑤相切、相切、半径方式画圆；⑥相切、相切、相切方式画圆。

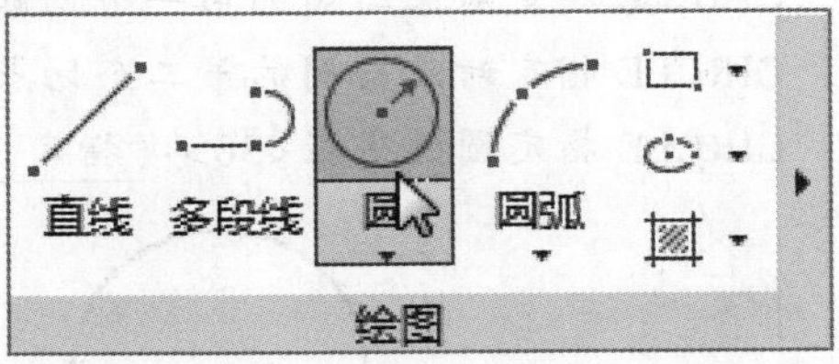

1. 输入命令的方式

1）单击"绘图"工具栏中的"圆"按钮，如图 2-5 所示。

2）单击菜单栏"绘图"→"圆"命令。

3）键盘输入：C↙。

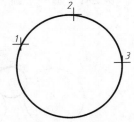

图 2-5　"绘图"工具栏中的"圆"按钮

2. 命令的操作

（1）指定圆心、半径画圆（默认项）

命令：(输入"圆"命令)

CIRCLE 指定圆的圆心或［三点(3P)/两点(2P)/相切、相切、半径(T)］：(指定圆心)

CIRCLE 指定圆的半径或［直径(D)］<30>：(给定半径值或拖动鼠标给定圆大小)

（2）指定圆心、直径画圆

命令：(输入"圆"命令)

CIRCLE 指定圆的圆心或［三点(3P)/两点(2P)/相切、相切、半径(T)］：(指定圆心)

CIRCLE 指定圆的半径或［直径(D)］<30>：(单击命令行"直径"选项)

CIRCLE 指定圆的直径或<30>：(输入直径值)

（3）三点方式画圆（图 2-6）

命令：(输入"圆"命令)

CIRCLE 指定圆的圆心或［三点(3P)/两点(2P)/相切、相切、半径(T)］：(单击命令行"三点"选项)

CIRCLE 指定圆上的第一点 ：(指定第"1"点)

CIRCLE 指定圆上的第二点 ：(指定第"2"点)

CIRCLE 指定圆上的第三点 ：(指定第"3"点)

图 2-6　用三点方式画圆

提示：

※ 此方式画的圆由三点确定其大小。

（4）两点方式画圆

命令：（输入"圆"命令）

CIRCLE 指定圆的圆心或［三点（3P）/两点（2P）/相切、相切、半径（T）］：（单击命令行"两点"选项）

CIRCLE 指定圆直径的第一端点：（指定第"1"点）

CIRCLE 指定圆直径的第二端点：（指定第"2"点）

（5）相切、相切、半径方式画圆（图2-7）

命令：（输入"圆"命令）

CIRCLE 指定圆的圆心或［三点（3P）/两点（2P）/相切、相切、半径（T）］：（单击命令行"相切、相切、半径"选项）

CIRCLE 指定对象与圆的第一个切点：（选择第一个相切实体）

CIRCLE 指定对象与圆的第二个切点：（选择第二个相切实体）

CIRCLE 指定圆的半径<30>：（指定公切圆半径）

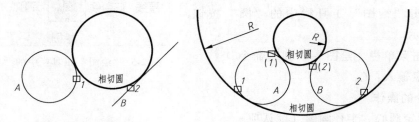

a) 与已知圆A和已知直线B相切　　　　b) 与已知圆A、圆B相切(内切、外切)

图2-7　用相切、相切、半径方式画圆

提示：

※ 用相切、相切、半径方式画公切圆，选择相切目标时，选目标的小方框要落在选择目标上，切圆半径应大于两切点之间距离的1/2。

（6）相切、相切、相切方式画圆　用这种方式可绘制出与三个实体相切的圆。

例2-1　画一个圆，使其与A、B、C三个已知圆公切，如图2-8所示。

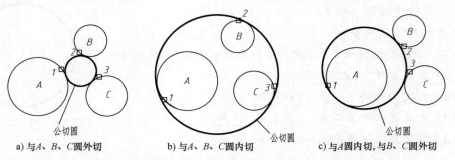

a) 与A、B、C圆外切　　b) 与A、B、C圆内切　　c) 与A圆内切，与B、C圆外切

图2-8　用相切、相切、相切方式绘制公切圆

命令：（输入"圆"下拉菜单中的"相切、相切、相切"命令）

CIRCLE 指定圆的圆心或［三点（3P）/两点（2P）/相切、相切、半径（T）］_3p

指定圆上的第一个点：_tan 到(单击圆 A 上的"1"点)

CIRCLE 指定圆上的第二个点：_tan 到(单击圆 B 上的"2"点)

CIRCLE 指定圆上的第三个点：_tan 到(单击圆 C 上的"3"点)

> **提示：**
>
> ※ 单击圆上的三个切点"1""2""3"时，如果切点的位置不同，所画的公切圆也不同。图 2-8a 所示公切圆与 A、B、C 圆外切；图 2-8b 所示公切圆与 A、B、C 圆内切；图 2-8c 所示公切圆与 A 圆内切，与 B、C 圆外切。
>
> ※ 指定的"1""2""3"不是切点，系统将根据指定点确定切点画出圆。

例 2-2　画一个已知三角形 ABC 的内切圆，如图 2-9 所示。

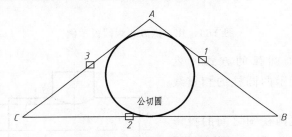

图 2-9　绘制三角形的内切圆

命令：(输入"圆"下拉菜单中的"相切、相切、相切"命令)

CIRCLE 指定圆的圆心或[三点(3P)/两点(2P)/切点、切点、半径(T)]_3p

指定圆上的第一个点：_tan 到(单击三角形 AB 边上的"1"点)

CIRCLE 指定圆上的第二个点：_tan 到(单击三角形 BC 边上的"2"点)

CIRCLE 指定圆上的第三个点：_tan 到 (单击三角形 CA 边上的"3"点)

2.2.2　画圆弧

用"圆弧"(ARC)命令可按指定的方式画圆弧，系统提供了以下 11 种画圆弧的方式：①三点方式；②起点、圆心、端点方式；③起点、圆心、角度方式；④起点、圆心、长度方式；⑤起点、端点、角度方式；⑥起点、端点、方向方式；⑦起点、端点、半径方式；⑧圆心、起点、端点方式；⑨圆心、起点、角度方式；⑩圆心、起点、长度方式；⑪连续方式。

上述 11 种方式中，⑧、⑨、⑩与②、③、④所需指定的条件相同，只是操作命令时提示顺序不同，即系统实际提供的是八种画圆弧的方式。

1. 输入命令的方式

1) 单击"绘图"工具栏中的"圆弧"按钮，如图 2-10 所示。

2) 单击菜单栏"绘图"→"圆弧"命令。

3) 键盘输入：A↙。

2. 命令的操作

(1) 三点方式画圆弧（默认项）　如图 2-11 所示。

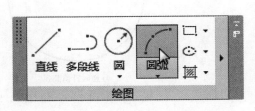

图 2-10　"绘图"工具栏中的"圆弧"按钮

命令：(单击"绘图"工具栏中的"圆弧"按钮)

ARC 指定圆弧的起点或[圆心(C)]：(单击图 2-11 中第"1"点)

ARC 指定圆弧的第二个点或[圆心(C)/端点(E)]：(单击图 2-11 中第"2"点)

ARC 指定圆弧的端点或[圆心(C)/端点(E)]：(单击图 2-11 中第"3"点)

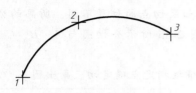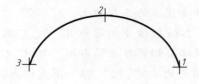

图 2-11　用三点方式画圆弧示例

例 2-3　用三点画圆弧的方式（默认），绘制如图 2-12 所示两圆柱的相贯线（三个特殊点）。

分析：根据主、左两视图之间的投影关系，利用"对象捕捉"和"对象追踪"确定圆弧上的三个点。

命令：(单击"绘图"工具栏中的"圆弧"按钮)

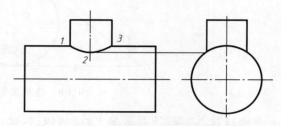

图 2-12　用三点画圆弧的方式绘制相贯线

ARC 指定圆弧的起点或[圆心(C)]：(单击图 2-12 中第"1"点)

ARC 指定圆弧的第二个点或[圆心(C)/端点(E)]：(单击从左视图追踪给定第"2"点)

ARC 指定圆弧的端点或[圆心(C)/端点(E)]：(单击第"3"点)

（2）起点、圆心、端点方式画圆弧　如图 2-13 所示。

命令：(从"绘图"工具栏"圆弧"下拉菜单中选取"起点、圆心、端点"项)

ARC 指定圆弧的起点或[圆心(C)]：(指定起点"S")

ARC 指定圆弧的第二个点或[圆心(C)/端点(E)]：_c 指定圆弧的圆心：(指定圆心"O")

ARC 指定圆弧的端点或[角度(A)/弦长(L)]：(指定端点 E)

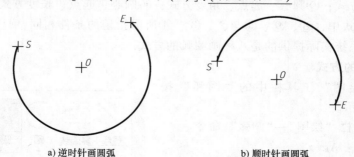

a)逆时针画圆弧　　　　　b)顺时针画圆弧

图 2-13　用起点、圆心、端点方式画圆弧示例

（3）起点、圆心、角度方式画圆弧　用这种方式画圆弧所画圆弧以"S"点为起点，

"O"点为圆心（OS为半径），其包含角为150°。角度为负值时，从起点开始顺时针绘制圆弧；角度为正值时，从起点开始逆时针绘制圆弧，效果如图2-14所示。

命令：(从"绘图"工具栏"圆弧"下拉菜单中选取"起点、圆心、角度"项)

ARC 指定圆弧的起点或[圆心(C)]：(指定起点"S")

ARC 指定圆弧的第二个点或[圆心(C)/端点(E)]：_c 指定圆弧的圆心：(指定圆心"O")

ARC 指定圆弧的端点或[角度(A)/弦长(L)]：_a 指定包含角：150↙(指定角度)

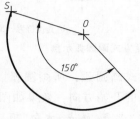 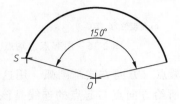

a) 角度值为+150°　　　　　　　　　b) 角度值为-150°

图 2-14　用起点、圆心、角度方式画圆弧示例

（4）起点、圆心、长度方式画圆弧　用这种方式画圆弧，都是从起点开始沿逆时针方向画圆弧。弦长为正值，画小于半圆的圆弧，效果如图2-15a所示；弦长为负值，画大于半圆的圆弧，效果如图2-15b所示。

命令：(从"绘图"工具栏"圆弧"下拉菜单中选取"起点、圆心、长度"项)

ARC 指定圆弧的起点或[圆心(C)]：(指定起点"S")

ARC 指定圆弧的第二个点或[圆心(C)/端点(E)]：_c 指定圆弧的圆心：(指定圆心"O")

ARC 指定圆弧的端点(按住<Ctrl>键以切换方向)或[角度(A)/弦长(L)]：_l 指定弦长：40↙(指定弦长)

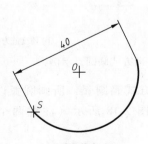 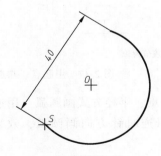

a) 弦长值为+40　　　　　　　　　b) 弦长值为-40

图 2-15　用起点、圆心、长度方式画圆弧示例

（5）起点、端点、角度方式画圆弧　用这种方式画圆弧，角度为正值时，沿逆时针方向画圆弧，效果如图2-16a所示；角度为负值时，沿顺时针方向画圆弧，效果如图2-16b所示。

命令：(从"绘图"工具栏"圆弧"下拉菜单中选取"起点、端点、角度"项)

ARC 指定圆弧的起点或[圆心(C)]：(指定起点"S")

ARC 指定圆弧的第二个点或[圆心(C)/端点(E)]：_e 指定圆弧的端点：(指定端点"E")

ARC 指定圆弧的端点或[角度(A)/方向(D)/半径(R)]：_a 指定包含角：120↙(指定

角度)

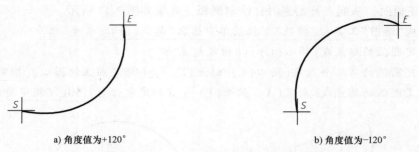

a) 角度值为+120°　　　　　　　　　　　　　　b) 角度值为−120°

图 2-16　用起点、端点、角度方式画圆弧示例

（6）起点、端点、方向方式画圆弧　用这种方式画圆弧，所画圆弧以"*S*"点为起点，"*E*"点为终点，所给方向点与起点的连线是该圆弧的开始方向，效果如图 2-17 所示。

命令:(从"绘图"工具栏"圆弧"下拉菜单中选取"起点、端点、方向"项)

ARC 指定圆弧的起点或[圆心(C)]:(指定起点"*S*")

ARC 指定圆弧的第二个点或[圆心(C)/端点(E)]:_e 指定圆弧的端点:(指定端点"*E*")

ARC 指定圆弧的中心点或[角度(A)/方向(D)/半径(R)]:_d 指定圆弧起点的相切方向:(指定方向点并给定角度)

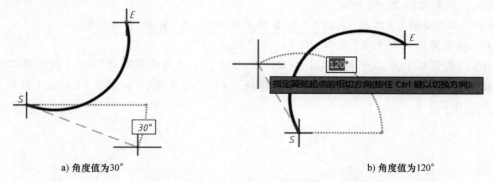

a) 角度值为30°　　　　　　　　　　　　　　b) 角度值为120°

图 2-17　用起点、端点、方向方式画圆弧示例

（7）起点、端点、半径方式画圆弧　用这种方式画圆弧，所画圆弧以"*S*"点为起点，"*E*"点为终点，以逆时针方向画圆弧，效果如图 2-18 所示（注意两个图中圆弧起点的区别）。

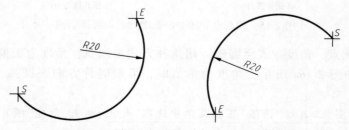

图 2-18　用起点、端点、半径方式画圆弧示例

命令:(从"绘图"工具栏"圆弧"下拉菜单中选取"起点、端点、半径"项)

ARC 指定圆弧的起点或[圆心(C)]:(指定起点"S")

ARC 指定圆弧的第二个点或[圆心(C)/端点(E)]:_e 指定圆弧的端点:(指定端点"E")

ARC 指定圆弧的中心点或[角度(A)/方向(D)/半径(R)]:_r 指定圆弧的半径:40✓(指定半径)

（8）连续方式画圆弧 这种方式以最后一次所画圆弧或直线（如图 2-19 中的虚线）的终点为起点，再按提示给出圆弧的终点，所画圆弧将与上一段绘制的直线或圆弧相切（图中圆弧$\overset{\frown}{SEF}$）。

a）与直线连接　　　　　　　　　　　　　　b）与圆弧连接

图 2-19　用连续方式画圆弧示例

2.2.3　画椭圆和椭圆弧

用"椭圆"命令可按指定的方式画椭圆，并可取其中的一部分保留成椭圆弧。椭圆的要素为中心位置、长轴长度和短轴长度。系统提供了三种画椭圆的方式，即圆心方式，轴、端点方式和旋转角方式，还提供了一种画椭圆弧的方式，可根据椭圆的已知条件确定画椭圆的方式。

1. 输入命令的方式

椭圆：

1）单击"绘图"工具栏中的"椭圆"按钮，如图 2-20 所示。

2）单击菜单栏"绘图"→"椭圆"命令。

3）键盘输入：ELLIPSE✓。

椭圆弧：

1）单击"绘图"工具栏"椭圆"下拉菜单中的"椭圆弧"按钮。

2）键盘输入：ELLIPSE✓。

2. 命令的操作

（1）圆心方式画椭圆（默认项） 该方式是用指定椭圆中心点、第一个轴端点和第二个轴端点长度创建一个椭圆，可以通过单击所需距离处的某个位置或输入长度值来指定，如图 2-21 所示。其操作如下：

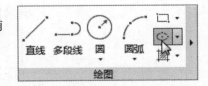

图 2-20　"绘图"工具栏中的
"椭圆"按钮

命令:(输入"椭圆"命令)

ELLIPSE 指定椭圆的轴端点或[圆弧(A)/中心点(C)]:_c

ELLIPSE 指定椭圆中心点:(指定椭圆中心点"1"点)

ELLIPSE 指定椭圆的轴端点：(指定轴端点"2"或其半轴长度值)

ELLIPSE 指定另一条半轴长度或［旋转（R）］：(指定第"3"点定另一条半轴长度值)

（2）轴、端点方式画椭圆　该方式是用指定椭圆与轴的三个交点（即轴端点）画一个椭圆，如图 2-22 所示。

命令：(输入"椭圆"命令)

ELLIPSE 指定椭圆的轴端点或［圆弧（A）／中心点（C）］：(指定第"1"点)

ELLIPSE 指定轴的另一个端点：(指定该轴上的第"2"点)

ELLIPSE 指定另一条半轴长度或［旋转（R）］：(指定第"3"点定另一条半轴长度值)

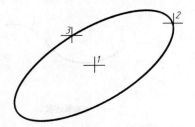
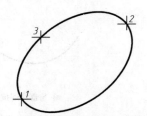

图 2-21　用圆心方式画椭圆示例　　　　图 2-22　用轴、端点方式画椭圆示例

例 2-4　按给定长轴 60mm、短轴 40mm，长轴为水平方向的条件画椭圆，如图 2-23 所示。

命令：(单击"绘图"工具栏中的"椭圆"按钮)

ELLIPSE 指定椭圆的轴端点或［圆弧（A）／中心点（C）］：C↙

ELLIPSE 指定椭圆中心点：(用鼠标捕捉中心线交点"1")

ELLIPSE 指定轴端点：30↙(从中心点水平追踪并输入长半轴尺寸，确定第"2"点)

ELLIPSE 指定另一条半轴长度或［旋转（R）］：20↙(从中心点垂直追踪并输入短半轴尺寸，确定第"3"点)

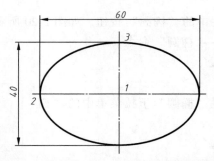

图 2-23　按长轴 60mm、短轴 40mm 画椭圆

（3）旋转角方式画椭圆　该方式是指定椭圆轴的两个端点，然后再指定一个旋转角度来画椭圆。在其绕长轴旋转时，旋转的角度就定义了椭圆长轴与短轴的比例。旋转的角度值越大，长轴与短轴的比值越大。如果旋转角度为 0°，则系统只画一个圆，如图 2-24 所示。

命令：(单击"绘图"工具栏中的"椭圆"按钮)

ELLIPSE 指定椭圆的轴端点或［圆弧（A）／中心点（C）］：(指定第"1"点)

ELLIPSE 指定椭圆另一个端点：(指定该轴上的第"2"点)

ELLIPSE 指定另一条半轴长度或[旋转(R)]:R↙(选旋转角方式)
ELLIPSE 指定绕长轴旋转的角度:(指定旋转角)

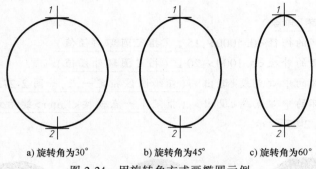

a) 旋转角为30° 　　b) 旋转角为45° 　　c) 旋转角为60°

图 2-24　用旋转角方式画椭圆示例

（4）画椭圆弧　以默认方式画椭圆弧，如图 2-25 所示。

命令:（单击"椭圆"下拉菜单中的"椭圆弧"按钮 🞂）

ELLIPSE 指定椭圆弧的轴端点或[中心点(C)]:(指定第"1"点)
ELLIPSE 指定轴的另一个端点:(指定该轴上的第"2"点)
ELLIPSE 指定另一条半轴长度或[旋转(R)]:(指定第"3"点定另一条半轴长度值)
ELLIPSE 指定起点角度或[参数(P)]:(指定切断起始点"A"或指定起始角度)
ELLIPSE 指定端点角度或[参数(P)/夹角(I)]:(指定切断终点"B"或指定终止角度)

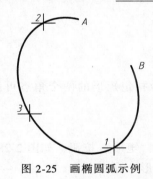

图 2-25　画椭圆弧示例

说明:

　　若在"指定端点角度或[参数（P）/夹角（I）]:"提示行中选"夹角"选项，则需指定保留椭圆弧段的包含角；若选"参数"选项，则按矢量方程式输入终止角度。

2.2.4　画圆环

1. 输入命令的方式

1）单击"绘图"工具栏中的"圆环"按钮，如图 2-26 所示。

2）单击菜单栏"绘图"→"圆环"命令。

图 2-26　"绘图"工具栏中的"圆环"按钮

3）键盘输入：DONUT ↙。

4）快捷键：DO ↙。

2. 命令的操作

命令：(输入"圆环"命令)

DONUT 指定圆环的内径<0.5000>:15 ↙(指定圆环内径值)

DONUT 指定圆环的外径<0.1000>:20 ↙(指定圆环外径值)

DONUT 指定圆环的中心点或<退出>:(在绘图区指定一点,如图 2-27a 所示)

DONUT 指定圆环的中心点或<退出>:(指定下一点或按<Enter>键结束命令)

画圆环示例如图 2-27 所示。

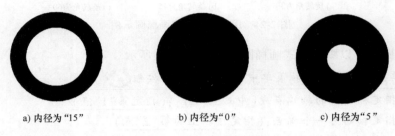

a) 内径为"15"　　　　　　b) 内径为"0"　　　　　　c) 内径为"5"

图 2-27　画圆环示例

2.3　平面多边形命令

2.3.1　画矩形

用"矩形"（RECTANG）命令指定矩形的两个角点可画出矩形，还可以画出指定线宽的矩形、圆角矩形、倒角矩形等。

1. 输入命令的方式

1）单击"绘图"工具栏中的"矩形"按钮，如图 2-28 所示。

2）单击菜单栏"绘图"→"矩形"命令。

3）键盘输入：RECTANG ↙。

2. 命令的操作

（1）画常用矩形（默认项）　系统提供了三种给矩形尺寸的方式：给两对角点尺寸（默认方式）、给长度和宽度尺寸、给面积和一个边长。无论按哪一种方式给尺寸，系统都将按当前线绘制一个矩形。

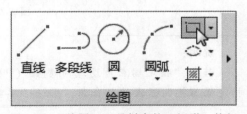

图 2-28　"绘图"工具栏中的"矩形"按钮

命令：(输入"矩形"命令)

RECTANG 指定第一个角点或[倒角（C）/标高（E）/圆角（F）/厚度（T）/宽度（W）]:(指定第"1"点)

RECTANG 指定另一个角点或[面积（A）/尺寸（D）/旋转（R）]:(指定第"2"点,或选择其

他方式画矩形）

1）若在"RECTANG 指定另一个角点或［面积（A）/尺寸（D）/旋转（R）］:"提示行直接指定第"2"点，则系统将按指定的两对角点及当前线宽绘制一个矩形，如图 2-29a 所示。若用相对坐标法输入矩形的长、宽尺寸（@ 50，30），则可以画出如图 2-29b 所示的矩形。

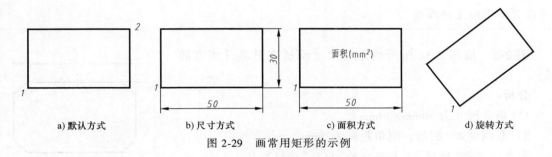

a) 默认方式　　　b) 尺寸方式　　　c) 面积方式　　　d) 旋转方式

图 2-29　画常用矩形的示例

2）若在"RECTANG 指定另一个角点或［面积（A）/尺寸（D）/旋转（R）］:"提示行选择"尺寸"选项，则系统将依次要求输入矩形的长度和宽度，按其提示操作，系统将按所给尺寸绘制一个矩形，如图 2-29b 所示。

3）若在"RECTANG 指定另一个角点或［面积（A）/尺寸（D）/旋转（R）］:"提示行选择"面积"选项，则系统将依次要求输入矩形的面积和一个边的尺寸，按其提示操作，系统将按所给尺寸绘制一个矩形，如图 2-29c 所示。

4）若在"RECTANG 指定另一个角点或［面积（A）/尺寸（D）/旋转（R）］:"提示行选择"旋转"选项，则系统将依次要求输入矩形的旋转角度和矩形尺寸，按其提示操作，系统将按所给尺寸绘制一个矩形，如图 2-29d 所示。

（2）画特殊矩形　可画出有斜角、圆角的矩形，并可设置矩形的线宽。

1）若在"RECTANG 指定第一个角点或［倒角（C）/标高（E）/圆角（F）/厚度（T）/宽度（W）］:"提示行中选择"倒角"选项，则系统将提示"RECTANG 指定矩形的第一个倒角距离<0.0000>:"，给出第一个倒角值"2"以后，系统提示"RECTANG 指定矩形的第二个倒角距离<0.0000>:"，给出第二个倒角值"2"以后，系统将按给定倒角值画有斜角的矩形，如图 2-30a 所示。当倒角距离是"0"时，矩形无斜角，如图 2-30b 所示。

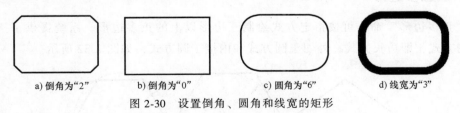

a) 倒角为"2"　　　b) 倒角为"0"　　　c) 圆角为"6"　　　d) 线宽为"3"

图 2-30　设置倒角、圆角和线宽的矩形

2）若在"RECTANG 指定第一个角点或［倒角（C）/标高（E）/圆角（F）/厚度（T）/宽度（W）］:"提示行中选择"圆角"选项，则系统将提示"RECTANG 指定矩形的圆角半径<0.0000>:"，给出圆角值"6"以后，系统将按给定圆角值画有圆角的矩形，如图 2-30c 所示。

3）若在"RECTANG 指定第一个角点或［倒角（C）/标高（E）/圆角（F）/厚度（T）/

宽度（W）]："提示行中选择"宽度"选项，则系统将提示"RECTANG 指定矩形的线宽<0.0000>："，给出线宽值"3"以后，系统将按给定的线宽值画出矩形，如图 2-30d 所示。

> **提示：**
>
> ※ 当前线宽值为"0"时，矩形的线宽随层。
>
> ※ 该提示行中的"标高"选项用于设置三维矩形离地平面的高度，"厚度"选项用于设置矩形的三维厚度。

例 2-5 按图 2-31 所示给定的尺寸绘制该图形（线宽随层）。

分析：

1）矩形尺寸为 50mm×30mm。

2）有四处 45°倒角，倒角距离为 5mm。

命令：（单击"绘图"工具栏中的"矩形"按钮）

RECTANG 指定第一个角点或 [倒角（C）/标高（E）/圆角（F）/厚度（T）/宽度（W）]：C↙

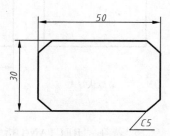

图 2-31　绘制斜角矩形示例

RECTANG 指定矩形的第一个倒角距离<0.000>：5↙

RECTANG 指定矩形的第二个倒角距离<0.000>：5↙

RECTANG 指定第一个角点或 [倒角（C）/标高（E）/圆角（F）/厚度（T）/宽度（W）]：（指定矩形左下角点）

RECTANG 指定第二个角点或 [尺寸（D）]：@ 50,30↙

> **提示：**
>
> ※ 矩形的两个对角点的第一点，可任意确定，第二点相对第一点确定（输入相对坐标值）。通常第一角点定在矩形的左下角点，第二角点的坐标均为正值。
>
> ※ 执行"矩形"命令时，系统默认上一次的设置。若上一次设置成倒角或圆角，则将其改为"0"即可画直角矩形。

2.3.2　画正多边形

用"正多边形"命令可按指定方式绘制三边形以上的正多边形。系统提供了三种画正多边形的方式，即边长方式、外切于圆方式和内接于圆方式，如图 2-32 所示。

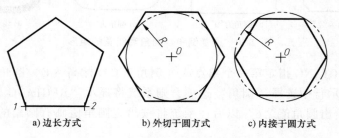

a)边长方式　　　　b)外切于圆方式　　　　c)内接于圆方式

图 2-32　"正多边形"命令画正多边形示例

1. 输入命令的方式

1）单击"绘图"工具栏中的"正多边形"按钮，如图 2-33 所示。

2）单击菜单栏"绘图"→"正多边形"命令。

3）键盘输入：POL↙。

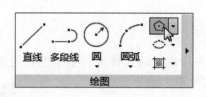

图 2-33 "绘图"工具栏中的"正多边形"按钮

2. 命令的操作

（1）边长方式 用边长方式画出的正五边形，如图 2-32a 所示。

命令：输入"正多边形"命令

POLYGON 输入侧面数<3>:5↙（输入正多边形的边数，默认为正三边形）

POLYGON 指定正多边形的中心点或边［边(E)］:E↙［指定中心点或输入 E(按边的长度画正多边形)］

POLYGON 指定边的第一个端点：（指定第"1"点）

POLYGON 指定边的第二个端点：（指定第"2"点，第"2"点也可以按给定的尺寸输入数值确定）

（2）外切于圆方式 用外切于圆方式画出的正六边形，如图 2-32b 所示。

命令：输入"正多边形"命令

POLYGON 输入侧面数<5>:6↙（输入正多边形的边数，默认为正五边形）

POLYGON 指定正多边形的中心点或边［边(E)］:（指定正六边形的中心点"O"）

POLYGON 输入项目［内接于圆(I)/外切于圆(C)］<I>:C↙（可单击命令行"外切于圆"选项）

POLYGON 指定圆的半径：（给出圆半径值）

（3）内接于圆方式 用内接于圆方式画出的正六边形，如图 2-32c 所示。

命令：输入"正多边形"命令

POLYGON 输入侧面数<6>:↙（默认边数）

POLYGON 指定正多边形的中心点或边［边(E)］:（指定正六边形的中心点"O"）

POLYGON 输入项目［内接于圆(I)/外切于圆(C)］<I>:↙（默认"内接于圆"选项）

POLYGON 指定圆的半径：（给出圆半径值）

说明：

① 用内接于圆方式和外切于圆方式画正多边形时，圆并不画出，当提示"指定圆的半径："时，只有用光标拖动指定半径，才能控制正多边形的方向。

② 用边长方式画正多边形时，按逆时针方向画出。

> **提示：**
> ※ 采用哪一种方式画正六边形，要根据正六边形的已知条件决定。
> ※ 画图时正六边形的方向，通过鼠标拖动确定。

2.4 点命令

用"点"（POINT）命令可按设定的点样式在指定的位置画"单点"或"多点"；可在选定的线段上做定数等分或在等距离画等分点。

2.4.1 设定点样式

点样式决定所画点的形状和大小，执行画点命令之前，应先设定点样式。

输入"DDPTYPE"命令，系统弹出"点样式"对话框，如图 2-34 所示。在该对话框中，可以设置点的样式（共 20 种）、点的大小等，单击"确定"按钮完成设置。

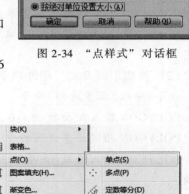

图 2-34 "点样式"对话框

2.4.2 输入命令的方式

1）单击"绘图"工具栏中的"多点"按钮，如图 2-35 所示。

2）单击菜单栏"绘图"→"点"命令，如图 2-36 所示。

3）键盘输入：POINT✍。

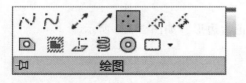

图 2-35 "绘图"工具栏中的"多点"按钮

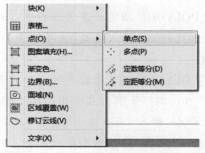

图 2-36 菜单栏"绘图"→"点"命令

2.4.3 按指定位置画点

1. 输入命令的方式

键盘输入：POINT✍。

2. 命令的操作

命令：(输入"点"命令)

POINT 指定点:(单击确定点,按<Esc>键结束命令)

按指定位置画点示例如图 2-37 所示。

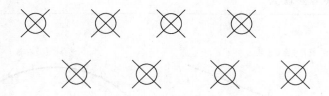

图 2-37 按指定位置画点示例

提示:

※ 点的命令一次只能画一个点,按<Enter>键重复上一次命令画下一个点。

※ 多点命令可按指定位置连续画多个点。

2.4.4 定数等分

设置所需要的点样式后,可用"定数等分"命令按指定的等分数画线段的等分点,即等分线段。

1. 输入命令的方式

1)单击菜单栏"绘图"→"点"→"定数等分"命令。

2)键盘输入:DIVIDE ↙。

2. 命令的操作

命令:(输入"定数等分"命令)

DIVIDE 选择要定数等分的对象:(选择直线)

DIVIDE 输入线段数目或[块(B)]:6↙

在对象上画定数等分点,如图 2-38 所示。

2.4.5 定距等分

设置所需要的点样式后,可用"定距等分"命令按指定的距离画线段的等分点,即等分线段。

图 2-38 在对象上画定数等分点

1. 输入命令的方式

1)单击菜单栏"绘图"→"点"→"定距等分"命令。

2)键盘输入:MEASURE ↙。

2. 命令的操作

命令:(输入"定距等分"命令)

MEASURE 选择要定距等分的对象:(选择直线或圆弧)

MEASURE 指定线段长度或[块(B)]:10↙

在对象上画定距等分点,如图 2-39 所示。

> **提示：**
> ※ 选择直线或圆弧时，应确定测量的起始端。
> ※ 点的样式按需要设置。

a) 按距离从左画线段等分点　　　　b) 按距离从右画线段等分点

图 2-39　在对象上画定距等分点

2.5　中心线命令

绘制工程图时，轴类零件视图中的圆和非圆视图都需要画中心线，AutoCAD 提供了
"中心线"工具栏，其中有"圆心标记"和
"中心线"两项命令可供使用。

2.5.1　圆心标记

"圆心标记"命令可对圆或圆弧实体绘制中
心线，其命令如图 2-40a 所示。

命令的操作：

命令：(单击"圆心标记"按钮)

a)　　　　　　b)

图 2-40　"圆心标记"和"中心线"按钮

CENTERMARK 选择要添加圆心标记的圆或圆弧：(选择圆或圆弧)

CENTERMARK 选择要添加圆心标记的圆或圆弧：(继续选择或按<Enter>键结束命令)

用"圆心标记"命令绘制中心线示例如图 2-41 所示。

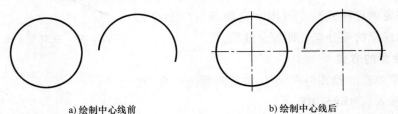

a) 绘制中心线前　　　　　　　　b) 绘制中心线后

图 2-41　用"圆心标记"命令绘制中心线示例

2.5.2　中心线

"中心线"命令可对两条平行线作中心线，其命令如图 2-40b 所示。

命令的操作：

命令：(单击"中心线"命令)

CENTERLINE 选择第一条直线：(选择第一条直线)

CENTERLINE 选择第二条直线：(选择第二条直线)

CENTERLINE 选择第一条直线：(继续选择或按<Enter>键结束命令)

用"中心线"命令绘制中心线示例如图 2-42 所示。

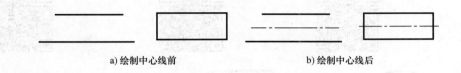

a) 绘制中心线前   b) 绘制中心线后

图 2-42 用"中心线"命令绘制中心线示例

上机练习与指导

2-1 按下述依次练习常用的基本绘图命令。

1) 用"构造线"命令 中的六种方式画无穷长直线。重点掌握画水平线、画垂直线、画所选直线的平行线三种画无穷长直线的方法。

2) 用"矩形"命令 分别按默认、尺寸、面积等方式画矩形。

3) 用"正多边形"命令 中的三种方式画正多边形。

4) 用"圆"命令 中的六种方式画圆。通过练习，熟悉画圆的每一种方式。

5) 用"圆弧"命令 中的八种方式画圆弧。通过练习，能够应用各种条件画圆弧。

6) 用"椭圆"命令 中的三种方式画椭圆，重点掌握轴、端点方式和圆心方式。

2-2 用直线、正多边形、圆和圆弧命令绘制图 2-43 所示图形，不标注尺寸。

操作提示：

1) 根据图中的线型设置图层：点画线、粗实线、细实线。

2) 分析各图形中所用的基本绘图命令，确定绘制各图线的画图顺序：

图 2-43a：画 ϕ80mm 圆→画正六边形（内接于圆方式）→画等边三角形。

图 2-43b：画 ϕ80mm 圆→画正五边形（内接于圆方式）→连续画五条直线→删除正五边形。

图 2-43c：画 ϕ80mm 圆→画中心线→画等边三角形（内接于圆方式）→画三条圆弧（三点方式）。

图 2-43d：画 ϕ80mm 圆→画中心线→分别画四个圆（两点方式）。

图 2-43e：画 ϕ80mm 圆→画正六边形（外切于圆方式）→画 ϕ48mm 圆。

图 2-43f：画正八边形（选择"边"方式）→分别画八条直线。

各图形的绘制方法可见图 2-43 中二维码视频。

图 2-43　绘制直线、正多边形、圆和圆弧练习

第3章 二维编辑命令

3.1 选择实体对象

在编辑命令的操作中，首先输入命令，然后选择要编辑的实体对象，选择实体对象后再按提示进行编辑。当实体对象被选中后，该实体呈高亮显示。每次选择实体后，提示行会继续出现"选择实体"，按<Enter>键可结束选择实体。

实体是指所绘工程图中的图形、文字、尺寸、剖面线等。用一个命令画出的图形或注写的文字，可能是一个实体，也可能是多个实体。例如：用"直线"命令一次画出五段连续的线是五个实体，而用"多段线"命令一次画出五段连续的线却是一个实体；用"单行文字"命令一次所注写的文字，每一行是一个实体，而用"多行文字"命令一次所注写的文字，无论多少行都是一个实体。

选择实体对象的方法有：单个选取、窗口选取、全选方式和扣除方式。

1. 单个选取

当出现"选择对象"提示后，光标便会变成一个小方框（称为拾取框），用拾取框单击实体即选中，如图 3-1 所示。单击选取对象，右击确认，结束选择。在"选择对象"提示下，如果不终止命令就将连续选择下去，直至确认，再进行下一步操作。

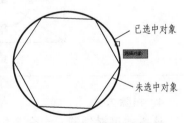

图 3-1　单个选取对象示例

2. 窗口选取

指用鼠标拖出一个窗口框来选取实体的方式。

（1）左窗口方式（图 3-2a）　拖动鼠标从左向右方向框选对象的方式，按此方式选择

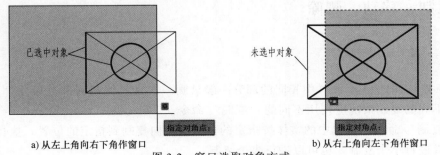

a) 从左上角向右下角作窗口　　　　　b) 从右上角向左下角作窗口

图 3-2　窗口选取对象方式

时，只有实体完全在窗口内部才能被选中。

（2）右窗口方式（图3-2b） 拖动鼠标从右向左方向框选对象的方式，按此方式选择时实体完全在窗口内部或与窗口相交都可以被选中（即完全在窗口外的对象不能被选中）。

> **提示：**
>
> ※ 用左窗口方式时，窗口可以由左上角向右下角进行框选，也可以由左下角向右上角进行框选。
>
> ※ 用右窗口方式时，窗口可以由右上角向左下角进行框选，也可以由右下角向左上角进行框选。

3. 全选方式

当系统提示"选择对象"时，输入"ALL"，按<Enter>键后，实体全部被选中。

> **提示：**
>
> ※ 在无命令状态下，仍可用以上方式选取实体。单个选取与窗口选取在操作上的区别是：单个选取时，每一点必须点在实体上；窗口选取时，第一点必须在实体外，而且提示"指定对角点"。
>
> ※在编辑图形时，可以先输入编辑命令再选择编辑对象，也可以先选择编辑对象再输入编辑命令。如果先选择编辑对象，则已选中的对象会显示为蓝色的线和夹点，如图3-3所示。

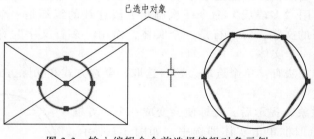

图3-3　输入编辑命令前选择编辑对象示例

4. 扣除方式

该方式可撤销同一个命令中已选中的实体。常用的方法是在出现"选择对象"提示时，按<Shift>键，然后用鼠标单个选取或窗口选取，即可撤销已选中的实体。

3.2　复制、移动、删除

3.2.1　复制

在AutoCAD中绘图，图样中相同的部分一般只画一次，其他相同部分可用"复制"命令绘出。不同的复制情况应使用不同的"复制"命令。

用"复制"命令可将选中的实体按指定的角度和方向复制到指定的位置。执行"复制"命令时可以进行单个复制，也可以进行多个复制。

1. 输入命令的方式

1) 单击"修改"工具栏中的"复制"按钮，如图 3-4 所示。

2) 单击菜单栏"修改"→"复制"命令。

3) 键盘输入：COPY（CO）✓。

图 3-4 "修改"工具栏中的"复制"按钮

2. 命令的操作（图 3-5）

命令：(输入"复制"命令)

COPY 选择对象：(选择要复制的实体对象✓)

COPY 指定基点或［位移（D）/模式（O）］<位移>：(在要复制的实体对象中利用"对象捕捉"功能确定位移的基点)

COPY 指定第二个点或［阵列（A）］<使用第一个点作为位移>：(确定复制对象的位置"A")

COPY 指定第二个点或［阵列（A）/退出（E）/放弃（U）］<退出>：(确定复制对象的位置"B")

COPY 指定第二个点或［阵列（A）/退出（E）/放弃（U）］<退出>：(确定复制对象的位置"C")

COPY 指定第二个点［阵列（A）/退出（E）/放弃（U）］：✓(结束命令)

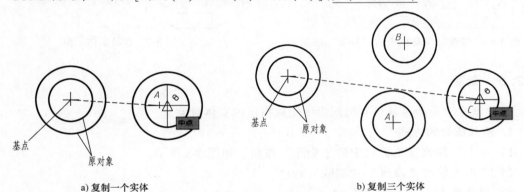

a）复制一个实体   b）复制三个实体

图 3-5 复制生成多个相同的对象

提示：

※ 在提示"COPY 指定第二个点或［阵列（A）］<使用第一个点作为位移>："时，选择"阵列（A）"选项后，按提示输入要阵列的数目和位置，按<Enter>键结束命令，即可复制出按阵列分布的实体对象。

※ 复制中的第二个点可以利用"对象捕捉"确定复制点的位置，也可以用相对坐标确定复制点的位置。

3.2.2 移动

在 AutoCAD 中绘图，不必像手工绘图那样精确计算每个视图在图纸中的位置，若某部分图形定位不准确，只需用"移动"命令就可以将选中的实体对象按指定的角度或距离移动到指定的位置。

1. 输入命令的方式

1）单击"修改"工具栏中的"移动"按钮，如图 3-6 所示。

2）单击菜单栏"修改"→"移动"命令。

3）键盘输入：MOVE（MO）↙。

2. 命令的操作

命令：(输入"移动"命令)

MOVE 选择对象：(选择要移动的实体对象)↙

MOVE 指定基点或位移：(确定移动的基点)

MOVE 指定位移的第二点或<用第一点位移>：(确定基点移动的位置)

移动实体示例如图 3-7 所示。

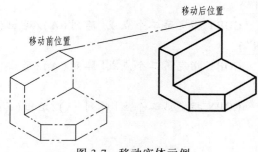

图 3-7　移动实体示例

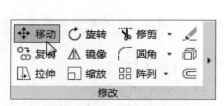

图 3-6　"修改"工具栏中的"移动"按钮

3.2.3　删除

用"删除"命令可从已有的图形中删除指定的实体对象。

1. 输入命令的方式

1）单击"修改"工具栏中的"删除"按钮，如图 3-8 所示。

2）单击菜单栏"修改"→"删除"命令。

3）键盘输入：ERASE（或 E）↙。

图 3-8　"修改"工具栏中的"删除"按钮

2. 命令的操作

命令：(输入"删除"命令)

ERASE 选择对象：(选择要删除的实体对象后,确认即可删除所选实体)

> 提示：
>
> ※ 删除可以先选择对象，然后执行"删除"命令。
>
> ※ 删除可以先选择对象，然后按<Delete>键删除。

3.3　修剪、延伸

3.3.1　修剪

在 AutoCAD 中绘图，为了提高绘图速度，通常根据所给尺寸先用绘制命令画出图形的基本形状，然后用"修剪"命令将实体中多余的部分去掉。使用"修剪"命令时，应先定义一个修剪边界，然后再用此边界剪去实体对象多余的一部分。

1. 输入命令的方式

1）单击"修改"工具栏中的"修剪"按钮，如图 3-9 所示。

2）单击菜单栏"修改"→"修剪"命令。

3）键盘输入：TRIM（TR）↙。

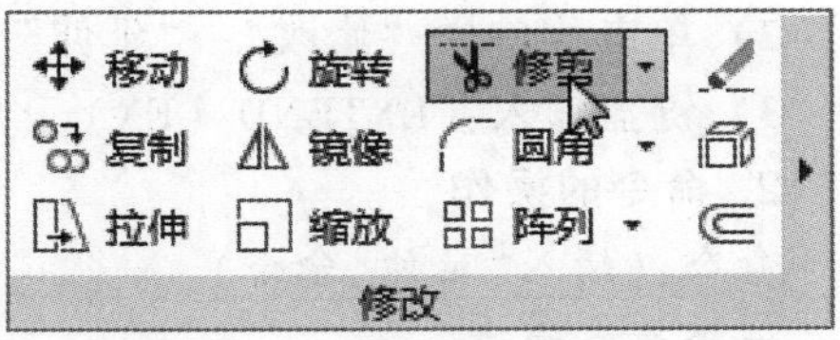

2. 命令的操作

命令：(输入"修剪"命令)

当前设置：投影＝UCS，边＝无　　(该行为信息行)

选择剪切边…

TRIM 选择对象<全部选择>：(选择作为剪切边界的实体对象)↙

选择要修剪的对象(或按住<Shift>键选择要延伸的对象，或执行下面的操作)

TRIM[栏选（F）/窗交（C）/投影（P）/边（E）/删除（R）/放弃（U）]：(选择要修剪的对象，即可剪去)

图 3-9　"修改"工具栏中的"修剪"按钮

> **提示：**
> ※ 修剪的边界实体也可以作为被修剪对象。为了快速作图，在选择修剪边界时，可用窗口选择多个实体，再进行所需的修剪。

例 3-1　用"修剪"命令修改如图 3-10 所示的图形。

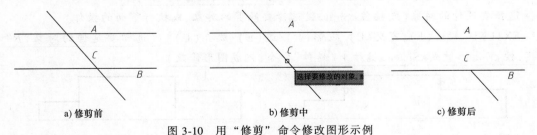

a) 修剪前　　　　　　　　　　b) 修剪中　　　　　　　　　　c) 修剪后

图 3-10　用"修剪"命令修改图形示例

命令：(输入"修剪"命令)

当前设置：投影＝UCS，边＝无　　(该行为信息行)

选择剪切边…

TRIM 选择对象<全部选择>：(选择要修剪实体对象的边界"A"和"B")↙

选择要修剪的对象(或按住<Shift>键选择要延伸的对象,或执行下面的操作)

TRIM[投影(P)/边(E)/放弃(U)]:(选择要修剪的对象"C",按<Enter>键或<Space>键结束"修剪"命令,完成图形修改)

3.3.2 延伸

用"延伸"命令可将选中的实体对象延伸到指定的边界。

1. 输入命令的方式

1)单击"修改"工具栏中的"延伸"按钮,如图3-11所示。

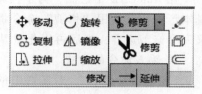

图3-11 "修改"工具栏
中的"延伸"按钮

2)单击菜单栏"修改"→"延伸"命令。

3)键盘输入:EXTEND(EX)✓。

2. 命令的操作

命令:(输入"延伸"命令)

选择边界的边…

EXTEND 选择对象或<全部选择>:(选择延伸目标的边界实体)✓

选择要延伸的对象(或按住<Shift>键选择要修剪的对象,或执行下面的操作)

EXTEND[栏选(F)/窗交(C)/投影(P)/边(E)/放弃(U)]:(选择要延伸的对象,按<Enter>键或<Space>键结束"延伸"命令)

提示:

※ 按住<Shift>键选择要修剪的对象,相当于修剪操作。

※ 可多选边界线,也可多选要延伸的对象。

※ 一条直线被延伸后,与其相关的尺寸自动修改。

例3-2 用"延伸"命令修改如图3-12所示的图形。

命令:(输入"延伸"命令)

选择边界的边…

EXTEND 选择对象或<全部选择>:(选择延伸目标的边界线"A")✓

选择要延伸的对象(或按住<Shift>键选择要修剪的对象,或执行下面的操作)

EXTEND[栏选(F)/窗交(C)/投影(P)/边(E)/放弃(U)]:(选择要延伸的对象"B"和"C",按<Enter>键或<Space>键结束"延伸"命令,完成图形修改)

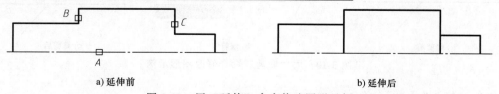

a)延伸前　　　　　　　　　　　　　　　　　b)延伸后

图3-12 用"延伸"命令修改图形示例

1)以上操作是"延伸"命令的默认方式,也是常用的方式。

2)"延伸"命令行中后五项的含义如下:

"栏选(F)"选项:用栏选方式选择要延伸的实体。

"窗交（C）"选项：用交叉窗口方式选择要延伸的实体。

"投影（P）"选项：用于指定修剪对象时使用的投影方式。

"边（E）"选项：用于指定延伸的边方式，其有"延伸"与"不延伸"两种方式，如图3-13所示。"不延伸"方式要求实体延伸后必须与边界相交才可延伸，"延伸"方式对实体延伸后与被延伸实体的边界是否相交没有限制。

"放弃（U）"选项：撤销"延伸"命令中的最后一次操作。

3）AutoCAD的"延伸"命令中，可按提示行"按住<Shift>键选择要修剪的对象"进行修剪实体到边界的操作。

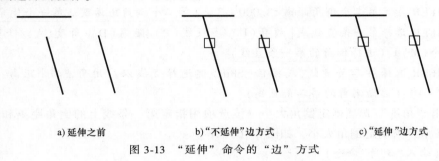

| a) 延伸之前 | b)"不延伸"边方式 | c)"延伸"边方式 |

图3-13 "延伸"命令的"边"方式

3.4 倒角、圆角

3.4.1 倒角

用"倒角"命令可按指定的距离或角度对图形中的实体倒斜角。该命令可以在一对相交直线上倒角，也可以对封闭的一组线（包括多段线、多边形、矩形）各线交点处同时进行倒角。

1. 输入命令的方式

1）单击"修改"工具栏中的"倒角"按钮，如图3-14所示。

2）单击菜单栏"修改"→"倒角"命令。

3）键盘输入：CHAMFER ↙。

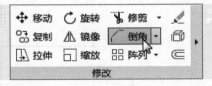

图3-14 "修改"工具栏中的"倒角"按钮

2. 命令的操作

当进行倒角时，要注意查看信息行中当前倒角的距离，若不是所需要的，则应首先确定倒角大小。该命令可用两种方法确定倒角大小，即"距离"确定倒角大小和"角度"确定倒角大小。

（1）用"距离"选项确定倒角大小 该选项用指定两个倒角距离来确定倒角大小，两倒角距离可以相等，也可以不相等，还可以为零，如图3-15所示。

命令：(输入"倒角"命令)

("修剪"模式) 当前倒角距离 1 = 0.0000，距离 2 = 0.0000

CHAMFER 选择第一条直线或 [放弃（U）/多段线（P）/距离（D）/角度（A）/修剪（T）/方式（E）/多个（M）]：(选择"距离（D）"选项↙)

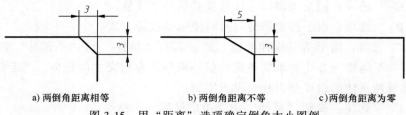

a) 两倒角距离相等   b) 两倒角距离不等   c) 两倒角距离为零

图 3-15 用"距离"选项确定倒角大小图例

CHAMFER 指定第一个倒角距离<0.000>:3↙(指定第一个距离作用于选择的第一条直线)

CHAMFER 指定第二个倒角距离<3.000>:3↙(第二个倒角距离默认第一个倒角距离)

CHAMFER 选择第一条直线或[放弃(U)/多段线(P)/距离(D)/角度(A)/修剪(T)/方式(E)/多个(M)]:(选择倒角的第一条直线)

CHAMFER 选择第二条直线,或按住<Shift>键选择直线以应用角点或[距离(D)/角度(A)/方式(E)]:(选择倒角的第二条直线)

(2) 用"角度"选项确定倒角大小 该选项用指定第一条线上的倒角距离和该线与斜线之间的夹角,来确定倒角大小,如图 3-16 所示。

命令:(输入"倒角"命令)

("修剪"模式)当前倒角距离 1＝3.0000,距离 2＝3.0000(该行为信息行)

CHAMFER 选择第一条直线或[放弃(U)/多段线(P)/距离(D)/角度(A)/修剪(T)/方式(E)/多个(M)]:(选择"角度(A)"选项↙)

CHAMFER 指定第一条直线的倒角长度<0.000>:10↙(给第一条直线上的倒角长度)

CHAMFER 指定第一条直线的倒角角度<0>:15↙(给角度)

CHAMFER 选择第一条直线或[放弃(U)/多段线(P)/距离(D)/角度(A)/修剪(T)/方式(E)/多个(M)]:(选择倒角的第一条直线)

CHAMFER 选择第二条直线,或按住 Shift 键选择直线以应用角点或[距离(D)/角度(A)/方式(E)]:(选择倒角的第二条直线)

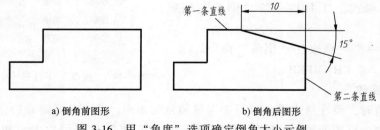

a) 倒角前图形   b) 倒角后图形

图 3-16 用"角度"选项确定倒角大小示例

提示行"[放弃(U)/多段线(P)/距离(D)/角度(A)/修剪(T)/方式(E)/多个(M)]:"中的其他选项的含义:

1)"放弃(U)"选项:撤销该命令中上一步的操作。

2)"多段线(P)"选项:该命令可一次完成对多段线图形上的所有倒角。

3)"修剪(T)"选项:控制是否保留所切的角,其有"修剪"和"不修剪"两个控制选项,如图 3-17 所示。

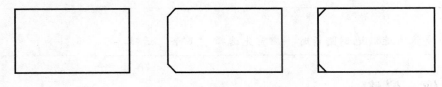

a) 倒角前 b)"修剪"模式倒角 c)"不修剪"模式倒角

图 3-17 "倒角"命令中"修剪"选项示例

4）"方式（E）"选项：控制倒角的方式。

5）"多个（M）"选项：可连续执行单个倒角的操作。

3.4.2 圆角

用"圆角"命令可按指定的半径来建立一条圆弧，用该圆弧可光滑连接两条线段（直线、圆弧或圆等实体），还可以用该圆弧对封闭的二维多段线中的各线段交点倒圆角。该命令不仅用于倒圆角，还常用于连接两直线、两圆弧或一直线一圆弧。

1. 输入命令的方式

1）单击"修改"工具栏中的"圆角"按钮，如图 3-18 所示。

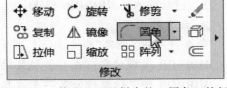

2）单击菜单栏"修改"→"圆角"命令。

3）键盘输入：FILLET（F）✓。

2. 命令的操作

图 3-18 "修改"工具栏中的"圆角"按钮

命令：(输入"圆角"命令)

当前设置：模式＝修剪，半径＝0.000 （该行为信息行）

FILLET 选择第一个对象或［放弃(U)/多段线(P)/半径(R)/修剪(T)/多个(M)］：(选择"半径(R)"选项✓)

FILLET 指定圆角半径＜0.000＞：(给圆角半径✓)

FILLET 选择第一个对象或［放弃(U)/多段线(P)/半径(R)/修剪(T)/多个(M)］：(选择第一条线)

FILLET 选择第二个对象，或按住＜Shift＞键选择对象以应用角点或［半径(R)］：(选择第二条线)

倒圆角示例如图 3-19 所示。

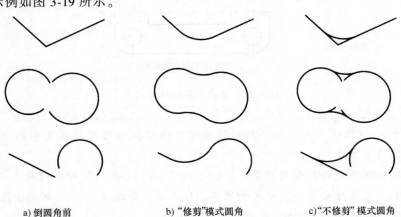

a) 倒圆角前 b)"修剪"模式圆角 c)"不修剪"模式圆角

图 3-19 倒圆角示例

提示：

※ 当要依次连续地倒圆角时，应首先选择"多个"选项。

3.5 镜像、偏移

3.5.1 镜像

机械图样中对称或基本对称的图形，可以先画一半，再用"镜像"命令复制出另一半。镜像后的结果可以删除原图形实体，也可以保留原图形实体。

1. 输入命令的方式

1）单击"修改"工具栏中的"镜像"按钮，如图 3-20 所示。

2）单击菜单栏"修改"→"镜像"命令。

3）键盘输入：MIRROR（MI）↙。

图 3-20 "修改"工具栏中的"镜像"按钮

2. 命令的操作

命令：（输入"镜像"命令）

MIRROR 选择对象：（选择要镜像的实体）↙

MIRROR 指定镜像线的第一点：（指定镜像线上任意一点）

MIRROR 指定镜像线的第二点：（再指定镜像线上任意一点）

MIRROR 是否删除源对象？［是(Y)/否(N)］<否>：↙（默认不删除源对象）

保留源对象的镜像效果如图 3-21b 所示。

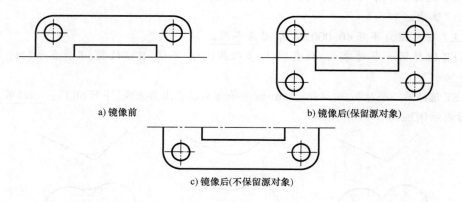

a) 镜像前　　　　　　　　　　　　b) 镜像后(保留源对象)

c) 镜像后(不保留源对象)

图 3-21　镜像生成实体的示例

提示：※ 给镜像线上两点时，要利用捕捉功能捕捉图形对称线上的两个点，系统将按两点连线作为镜像线。

※在"MIRROR 是否删除源对象？［是(Y)/否(N)］<否>："命令行中，若选择"否"则保留源对象，完成对称复制，结果如图 3-21b 所示；若选择"是"则删除源对象，生成对称实体对象，如图 3-21c 所示。

3.5.2 偏移

用"偏移"命令可复制生成图形中的类似实体。该命令主要用来绘制给定距离的同心圆、平行线和等距曲线。

1. 输入命令的方式

1）单击"修改"工具栏中的"偏移"按钮，如图 3-22 所示。

2）单击菜单栏"修改"→"偏移"命令。

3）键盘输入：OFFSET ↙。

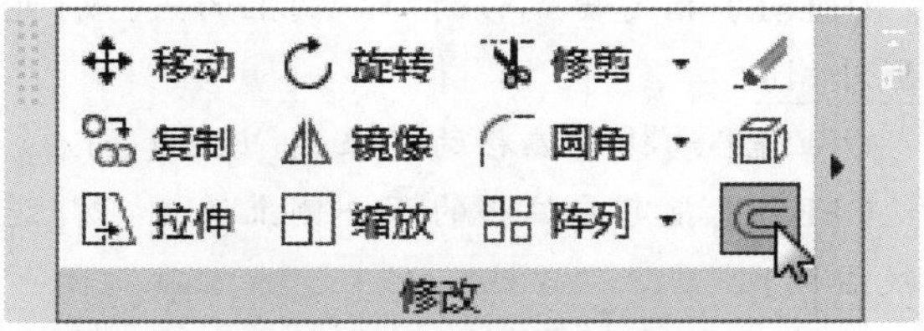

图 3-22 "修改"工具栏中的"偏移"按钮

2. 命令的操作

（1）给通过点方式

命令：(输入"偏移"命令)

当前设置：删除源＝否 图层＝源 OFFSETGAPTYPE＝0(该行为信息行)

OFFSET 指定偏移距离或[通过(T)/删除(E)/图层(L)]<通过>：(选择"通过(T)"选项)↙

OFFSET 选择要偏移的对象，或[退出(E)/放弃(U)]<退出>：(选择要偏移的对象)

OFFSET 指定通过点或[退出(E)/多个(M)/放弃(U)]<退出>：(单击偏移对象的某一侧，完成一次偏移)

OFFSET 选择要偏移的对象或[退出(E)/放弃(U)]<退出>：(重复以上操作或按<Space>键结束命令)

（2）给偏移距离方式

命令：(输入"偏移"命令)

当前设置：删除源＝否 图层＝源 OFFSETGAPTYPE＝0(该行为信息行)

OFFSET 指定偏移距离或[通过(T)/删除(E)/图层(L)]<通过>：(输入偏移的距离值)↙

OFFSET 选择要偏移的对象，或[退出(E)/放弃(U)]<退出>：(选择要偏移的对象)

OFFSET 指定要偏移的那一侧上的点，或[退出(E)/多个(M)/放弃(U)]<退出>：(单击偏移对象的某一侧，完成一次偏移)

OFFSET 选择要偏移的对象或[退出(E)/放弃(U)]<退出>：(重复以上操作或按<Space>键结束命令)

1）在出现提示行"OFFSET 指定偏距离或[通过(T)/删除(E)/图层(L)]<通过>："时，若选择"通过(T)"选项，则在选择要偏移的实体后，需要指定实体的通过点；若选择"删除(E)"选项，则可用于偏移对象后删除源对象；若选择"图层(L)"选项，则可确定将偏移对象创建在当前图层上还是在源对象所在的图层上。

2）在出现提示行"OFFSET 指定要偏移的那一侧上的点，或[退出(E)/多个(M)/放弃(U)]<退出>："时，若选择"多个(M)"选项，则可使用当前偏移距离连续对选中的实体进行偏移操作；若选择"放弃(U)"选项，则将删除命令中上一个偏移的实体。

例 3-3 已知矩形 *A*、直线 *B*、圆 *C*，用"偏移"命令按给定距离 20mm 绘制等距矩形、等距直线和同心圆，如图 3-23 所示。

命令:(输入"偏移"命令)

当前设置:删除源=否   图层=源   OFFSETGAPTYPE=0(该行为信息行)

OFFSET 指定偏距离或[通过(T)/删除(E)/图层(L)]<通过>:20✓

OFFSET 选择要偏移的对象或[退出(E)/放弃(U)]<退出>:(选择矩形 *A*)

OFFSET 指定要偏移的那一侧上的点,或[退出(E)/多个(M)/放弃(U)]<退出>:(单击矩形外侧)

OFFSET 选择要偏移的对象或[退出(E)/放弃(U)]<退出>:(选择直线 *B*)

OFFSET 指定要偏移的那一侧上的点,或[退出(E)/多个(M)/放弃(U)]<退出>:(单击直线右侧)

OFFSET 选择要偏移的对象或[退出(E)/放弃(U)]<退出>:(选择圆 *C*)

OFFSET 指定要偏移的那一侧上的点,或[退出(E)/多个(M)/放弃(U)]<退出>:(单击圆外侧)

OFFSET 选择要偏移的对象或[退出(E)/放弃(U)]<退出>:✓

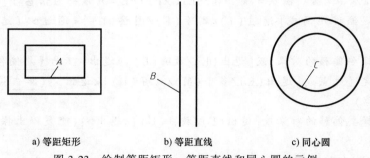

a) 等距矩形   b) 等距直线   c) 同心圆

图 3-23   绘制等距矩形、等距直线和同心圆的示例

提示:

※ 该命令在选择实体时,只能用直接点取方式选择实体,并且一次只能选择一个实体。

※ 矩形 *A* 是用"矩形"命令绘制的,即四条线是一个实体对象。

3.6 旋转、缩放

3.6.1 旋转

用"旋转"命令可将选中的实体绕指定的基点进行旋转,或按指定的角度旋转或参照某一对象进行旋转,该命令也能实现复制旋转。

1. 输入命令的方式

1)单击"修改"工具栏中的"旋转"按钮,如图 3-24 所示。

2)单击菜单栏"修改"→"旋转"命令。

3)键盘输入:ROTATE ✓。

2. 命令的操作

（1）旋转角方式

例 3-4 将图 3-25a 所示的右半部分实体沿逆时针方向旋转 40°。

命令:（输入"旋转"命令）

UCS 当前的正角方向:ANGDIR = 逆时针

ANGBASE = 0（该行为信息行）

ROTATE 选择对象:（用窗口选择旋转对象）↙

ROTATE 指定基点:（以大圆的圆心作为旋转基点）

ROTATE 指定旋转角度或［复制（C）／参照（R）］:40↙

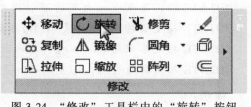

图 3-24 "修改"工具栏中的"旋转"按钮

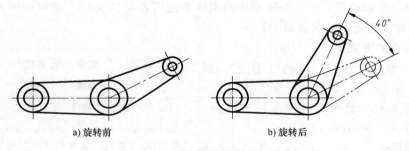

a) 旋转前   b) 旋转后

图 3-25 将选中实体沿逆时针方向旋转 40°

提示:

※ 若输入的角度为正值，则实体按逆时针方向旋转；若输入的角度为负值，则实体按顺时针方向旋转。

※ 若选择提示行中的"复制"选项，则旋转以后原实体不消失。

（2）参照方式

例 3-5 如图 3-26 所示，按参照方式旋转实体。

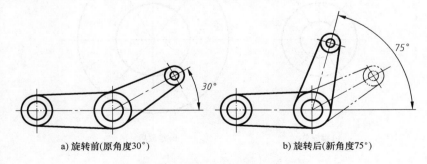

a) 旋转前（原角度30°）   b) 旋转后（新角度75°）

图 3-26 按参照方式旋转实体示例

命令:（输入"旋转"命令）

UCS 当前的正角方向:ANGDIR = 逆时针   ANGBASE = 0（该行为信息行）

ROTATE 选择对象:（选择旋转对象）↙

ROTATE 指定基点：(以大圆的圆心作为旋转基点)

ROTATE 指定旋转角度或[复制(C)参照(R)]：R ↙

ROTATE 指定参照角<0>：30 ↙ (输入原角度)

ROTATE 指定新角度或[点(P)]<0>：75 ↙

> **提示：**
>
> ※ 若选择提示行"ROTATE 指定新角度或[点(P)]<0>："中的"点"选项，则可按提示来给两点确定实体旋转后的位置。

3.6.2 缩放

在 AutoCAD 中修改图形时，若图形中的实体不是所希望的大小，则可用"缩放"命令将实体相对于基点按比例放大或缩小。

1. 输入命令的方式

1）单击"修改"工具栏中的"缩放"按钮，如图 3-27 所示。

2）单击菜单栏"修改"→"缩放"命令。

3）键盘输入：SCALE（SC）↙。

2. 命令的操作

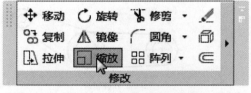

图 3-27 "修改"工具栏中的"缩放"按钮

（1）给比例因子方式　比例因子为 2 的缩放示例如图 3-28 所示。

命令：(输入"缩放"命令)

SCALE 选择对象：(选择要缩放的实体圆)↙

SCALE 指定基点：(以圆心为缩放的基点)

SCALE 指定比例因子或[复制(C)/参照(R)]<0.000>：2 ↙ (输入比例因子)

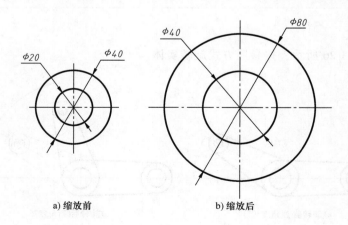

a) 缩放前　　　　　　　b) 缩放后

图 3-28　比例因子为 2 的缩放示例

在出现提示行"指定比例因子或[复制（C）/参照（R）]<0.000>："时，选"复制"选项，将实现复制缩放，即缩放后原实体仍存在。

提示：

※　比例因子大于 1 为放大实体，比例因子小于 1 为缩小实体。

※　图形缩放后，图形的尺寸也相应缩放。

（2）参照方式　参照方式缩放示例如图 3-29 所示。

命令：(输入"缩放"命令)

SCALE 选择对象：(选择实体)↙

SCALE 指定基点：(以"A"为缩放的基点)

SCALE 指定比例因子或［复制(C)/参照(R)］<0.000>：(选择"参照"选项)

SCALE 指定参照长度<1.0000>：18↙(指定原实体的任意一个尺寸)

SCALE 指定新的长度或［点(P)］<1.0000>：20↙(指定缩放后的原尺寸大小)

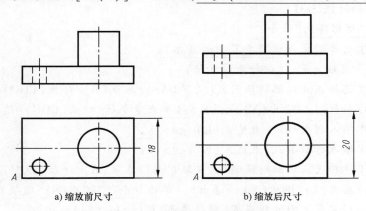

a) 缩放前尺寸　　　　　　　b) 缩放后尺寸

图 3-29　参照方式缩放示例

3.7　阵列、拉伸

3.7.1　阵列

用"阵列"命令可快速生成按某种规则排列的相同图形。AutoCAD 2019 提供了三种阵列方式：①指定行数、列数、行间距、列间距进行阵列；②指定中心、个数、填充角（即阵列的包含角度）进行阵列；③指定路径、间距进行阵列。

1. 输入命令的方式

1）单击"修改"工具栏中的"阵列"按钮，如图 3-30 所示。

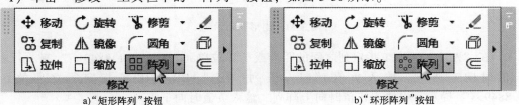

a)"矩形阵列"按钮　　　　　　　　b)"环形阵列"按钮

图 3-30　"修改"工具栏中的"阵列"按钮

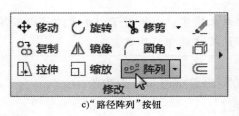

c)"路径阵列"按钮

图 3-30 "修改"工具栏中的"阵列"按钮（续）

2）单击菜单栏"修改"→"阵列"命令。

3）键盘输入：ARRAYRECT↙。

2. 命令的操作

（1）矩形阵列（图 3-31）

命令：(输入"矩形阵列"命令)

ARRAYRECT 选择对象：(选择要阵列的实体)↙

类型＝矩形　关联＝是　（该行为信息行）

ARRAYRECT 选择夹点以编辑阵列或[关联(AS)/基点(B)/计数(COU)/间距(S)/列数(COL)/行数(R)/层数(L)/退出(X)]<退出>:(单击命令行"计数(COU)"选项)

ARRAYRECT 输入列数数或[表达式(E)]<4>:5↙

ARRAYRECT 输入行数数或[表达式(E)]<4>:3↙

ARRAYRECT 选择夹点以编辑阵列或[关联(AS)/基点(B)/计数(COU)/间距(S)/列数(COL)/行数(R)/层数(L)/退出(X)]<退出>:(单击命令行"间距(S)"选项)

ARRAYRECT 指定列之间的距离或[单位单元(U)]<11.8849>:20↙

ARRAYRECT 指定行之间的距离<11.8849>:−10↙

ARRAYRECT 选择夹点以编辑阵列或[关联(AS)/基点(B)/计数(COU)/间距(S)/列数(COL)/行数(R)/层数(L)/退出(X)]<退出>:↙

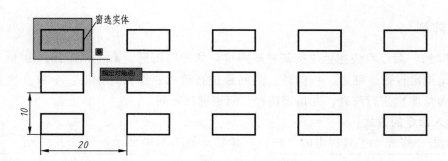

图 3-31 矩形阵列示例

1）在"ARRAYRECT 指定列之间的距离或[单位单元(U)]<11.8849>:"提示行中输入正值时向右阵列，输入负值时向左阵列；在"ARRAYRECT 指定行之间的距离<11.8849>:"提示行中输入正值时向上阵列，输入负值时向下阵列。

2）在"ARRAYRECT 选择夹点以编辑阵列或[关联(AS)/基点(B)/计数(COU)/间

距（S）/列数（COL）/行数（R）/层数（L）/退出（X）]＜退出＞:"提示行中选择"基点（B）"选项，可按提示重新选择基点；选择"列数（COL）"选项，可按提示单独改变列数；选择"行数（R）"选项，可按提示单独改变行数；选择"层数（L）"选项，可按提示改变矩形阵列的层数，此项用于三维阵列中。

3）在默认状态下，同一次阵列得出的一组实体是一个整体，若不希望是整体，则可在提示行中选择"关联（AS）"选项，然后按提示选择"否（X）"选项即可。

4）在 AutoCAD 2019 中也可以用夹点功能进行阵列。当系统显示默认的夹点时，选择右下角的夹点"▶"可指定列数，选择左下方的"▶"可指定列间距；选择左上角的夹点"▲"可指定行数，选择其下方的夹点"▲"可指定行间距；选择右上角的夹点"■"可用拖动的方式进行阵列；选择左下角的夹点"■"可移动阵列。

（2）环形阵列（图 3-32）

命令:（输入"环形阵列"命令）

ARRAYPOLAR 选择对象:（选择要阵列的实体）↙

类型＝极轴　关联＝是　（该行为信息行）

ARRAYPOLAR 指定阵列的中心点或[基点（B）/旋转轴（A）]:（拾取中心点"O"，确定中心点后，系统按默认的方式显示环形阵列和夹点）

ARRAYPOLAR 选择夹点以编辑阵列或[关联（AS）/基点（B）/项目（I）/项目间角度（A）/填充角度（F）/行（ROW）/层（L）/旋转项目（ROT）/退出（X）]＜退出＞:（单击命令行"项目（I）"选项）

ARRAYPOLAR 输入阵列中的项目数或[表达式（E）]＜4＞:（输入阵列中的项目数）↙

ARRAYPOLAR 选择夹点以编辑阵列或[关联（AS）/基点（B）/项目（I）/项目间角度（A）/填充角度（F）/行（ROW）/层（L）/旋转项目（ROT）/退出（X）]＜退出＞:（单击命令行"填充角度（F）"选项）

ARRAYPOLAR 指定填充角度（+＝逆时针、-＝顺时针）或[表达式（EX）]＜360＞:↙（使用默认角度"360"，也可以输入其他角度）

ARRAYPOLAR 选择夹点以编辑阵列或[关联（AS）/基点（B）/项目（I）/项目间角度（A）/填充角度（F）/行（ROW）/层（L）/旋转项目（ROT）/退出（X）]＜退出＞:↙

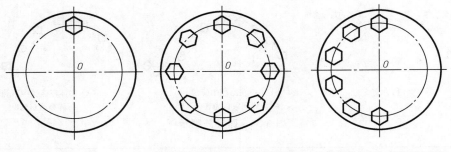

a) 阵列前　　　　　b) 填充角度为360°，阵列数目为8　　　c) 填充角度为180°，阵列数目为6

图 3-32　环形阵列示例

提示：

※ 项目的总数应包括原图形。

※ 填充角度即圆阵列所占的圆心角，填充角为正值，阵列按逆时针方向排列；填充角为负值，阵列按顺时针方向排列。

※ 在默认状态下，原实体在环形阵列中会相应旋转，如图3-32b所示，若不希望旋转，则可在提示行中选择"旋转项目（ROT）"选项，再按提示选择"否"，效果如图3-32c所示。

（3）路径阵列（图3-33）

命令：(输入"路径阵列"命令)

ARRAYPATH 选择对象：(选择要阵列的实体)✓

类型=路径　关联=是　　（该行为信息行）

ARRAYPATH 选择路径曲线：(选择要阵列的路径曲线选择路径后，系统会按默认方式显示路径阵列和夹点)

ARRAYPATH 选择夹点以编辑阵列或[关联(AS)/方法(M)/基点(B)/切向(T)/项目(I)/行(R)/层(L)/对齐项目(A)/z方向(Z)/退出(X)]<退出>：(单击命令行"方法(M)"选项)

ARRAYPATH 输入路径方法[定数等分(D)/定距等分(M)]<定距等分>：(单击命令行"定数等分(D)"选项)

ARRAYPATH 选择夹点以编辑阵列或[关联(AS)/方法(M)/基点(B)/切向(T)/项目(I)/行(R)/层(L)/对齐项目(A)/z方向(Z)/退出(X)]<退出>：(单击命令行"项目(I)"选项)

ARRAYPATH 输入沿路径的项目数或[表达式(E)]<18>：10✓

ARRAYPATH 选择夹点以编辑阵列或[关联(AS)/方法(M)/基点(B)/切向(T)/项目(I)/行(R)/层(L)/对齐项目(A)/z方向(Z)/退出(X)]<退出>：(单击命令行"对齐项目(A)"选项)

ARRAYPATH 是否将阵列项目与路径对齐？[是(Y)/否(N)]<是>：✓(使原实体在路径阵列时旋转)

ARRAYPATH 选择夹点以编辑阵列或[关联(AS)/方法(M)/基点(B)/切向(T)/项目(I)/行(R)/层(L)/对齐项目(A)/z方向(Z)/退出(X)]<退出>：✓

| a) 阵列前 | b) 实体在路径中旋转，
阵列数目为10 | c) 实体在路径中不旋转，
阵列数目为8 |

图3-33　路径阵列示例

提示：

※ 若在"ARRAYPATH 是否将阵列项目与路径对齐？[是（Y）/否（N）]<是>："提示行中选择"否"选项，则实体在路径阵列时将不旋转，如图3-33c所示。

3.7.2 拉伸

用"拉伸"命令可将选中的实体拉长或压缩到给定的位置。在操作该命令时，应用交叉窗口方式来选择实体。

1. 输入命令的方式

1）单击"修改"工具栏中的"拉伸"按钮，如图 3-34 所示。

2）单击菜单栏"修改"→"拉伸"命令。

3）键盘输入：STRETCH ↙。

2. 命令的操作（图 3-35 和图 3-36）

命令:（输入"拉伸"命令）

以交叉窗口或交叉多边形选择要拉伸的对象…（该行为信息行）

STRETCH 选择对象:（用交叉窗口方式选择实体）↙

STRETCH 指定基点或[位移(D)]<位移>:（指定基点,即距离的第"1"点）

STRETCH 指定第二个点或<使用第一个点作为位移>:（指定距离的第"2"点,或用鼠标导向直接给距离）

图 3-34 "修改"工具栏中的"拉伸"按钮

说明:

在出现提示行"STRETCH 指定基点或[位移（D）]<位移>:"时，选择"位移（D）"选项，可用输入坐标的方式给点来拉长或压缩实体。

提示:

※ 该命令选择实体窗口必须用交叉窗口方式（光标由右向左拖动）。

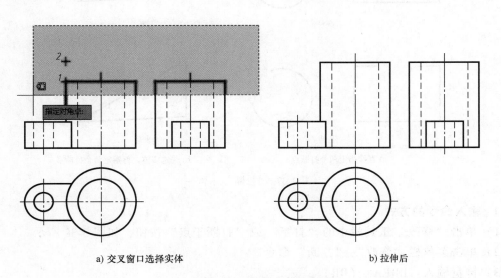

a) 交叉窗口选择实体　　　　　　　　　b) 拉伸后

图 3-35 向上拉伸实体示例

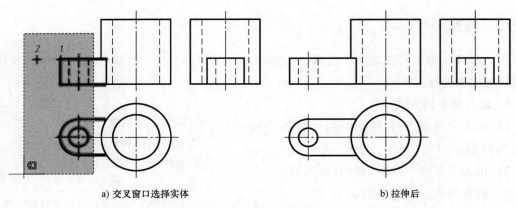

a) 交叉窗口选择实体   b) 拉伸后

图 3-36   向左拉伸实体示例

3.8 打断、合并、分解

3.8.1 打断

用"打断"命令可将实体线上不需要指定边界的部分删除，也可将一个封闭的实体在一点处打断分成两个实体。该命令可以直接在实体线上将两点之间打断，也可以先选择要打断的实体，然后再指定两个打断点并擦除打断点之间的那部分实体，如图 3-37 所示。后者常用于第一个打断点定位不准确，需要重新指定的情况。

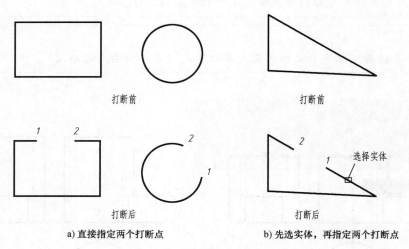

a) 直接指定两个打断点   b) 先选实体，再指定两个打断点

图 3-37   "打断"示例一

1. 输入命令的方式

1）单击"修改"工具栏中的"打断"或"打断于点"按钮，如图 3-38 所示。

2）单击菜单栏"修改"→"打断"命令。

3）键盘输入：BREAK（BR）↙。

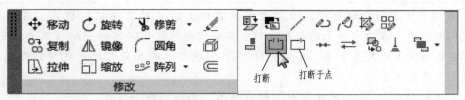

图 3-38 "修改"工具栏中的"打断"和"打断于点"按钮

2. 命令的操作

（1）直接指定两个打断点（图 3-37a）

命令：（输入"打断"命令）

BREAK 选择对象：（指定打断点"1"）

BREAK 指定第二个打断点或［第一点（F）］：（指定打断点"2"）

（2）先选实体，再指定两个打断点（图 3-37b）

命令：（输入"打断"命令）

BREAK 选择对象：（选择实体）

BREAK 指定第二个打断点或［第一点（F）］：（选择"第一点（F）"选项）

BREAK 指定第一个打断点：（指定打断点"1"）

BREAK 指定第二个打断点：（指定打断点"2"）

1）出现提示行"BREAK 指定第二个打断点："时，若在实体一端的外面单击一点，则把打断点"1"与此点之间的那段实体删除，如图 3-39c 所示。

2）在切断圆时，去掉的部分是从打断点"1"到打断点"2"之间逆时针旋转的部分，如图 3-37a 所示。

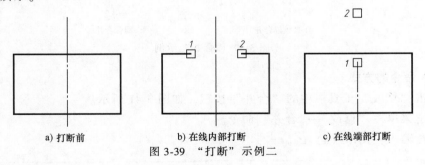

a）打断前　　　　　　b）在线内部打断　　　　　c）在线端部打断

图 3-39 "打断"示例二

（3）打断于点

命令：（输入"打断于点"命令）

BREAK 选择对象：（选择实体）

指定第二个打断点或［第一点（F）］：_f（该行为信息行）

BREAK 指定第一个打断点：（指定实体上的分解点）

指定第二个打断点：（该行为信息行）

提示：

　　※ 结束命令后，被打断于点的实体以所给的分解点为界进行分解，外观上没有任何变化。

> ※ 在给实体上的分解点时，必须关闭状态栏上的"对象捕捉"模式。若"对象捕捉"模式不关闭，在给实体上的分解点时，光标将先捕捉该实体的一端（不单击），然后移动光标至实体上的某点单击，AutoCAD 2019 则把拾取的端点与此点之间的那段实体删除，相当于将实体变短。
>
> ※ "打断于点"，命令不能采用"键盘输入"的输入命令方式。

3.8.2 合并

用"合并"命令可将同一条直线上的多段线或同一圆周上的多个圆弧连接合并为一个实体，如图 3-40 所示。

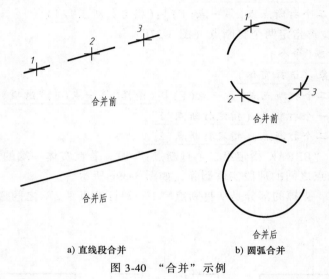

a) 直线段合并   b) 圆弧合并

图 3-40 "合并"示例

1. 输入命令的方式

1）单击"修改"工具栏中的"合并"按钮，如图 3-41 所示。

2）单击菜单栏"修改"→"合并"命令。

3）键盘输入：JOIN（J）↙。

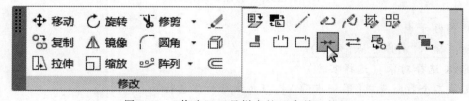

图 3-41 "修改"工具栏中的"合并"按钮

2. 命令的操作

（1）合并直线段　以图 3-40a 所示的图形为例。

命令:(输入"合并"命令)

JOIN 选择源对象或要一次合并的多个对象:(选择直线段"1"作为源线段)

JOIN 选择要合并的对象：(选择要合并的直线"2")

JOIN 选择要合并的对象：(选择要合并的直线"3"，结束选择)↙

3 条直线已合并为 1 条直线　　　　(该行为信息行)

> **提示：**
> ※ 用"多段线"命令绘制的直线不能合并。

（2）合并曲线段　以图 3-40b 所示的图形为例。

命令：(输入"合并"命令)

JOIN 选择源对象或要一次合并的多个对象：(选择圆弧"1"作为源线段)

JOIN 选择要合并的对象：(选择要合并的圆弧"2")

JOIN 选择要合并的对象：(选择要合并的圆弧"3"，结束选择)↙

3 条圆弧已合并为 1 条圆弧　　　　(该行为信息行)

> **提示：**
> ※ 在合并圆弧时，连接的部分是从源线段"1"到要合并线段之间沿逆时针方向旋转的部分。

3.8.3　分解

用"分解"命令可将由多段线、矩形、正多边形、图块、剖面线、尺寸等组合实体分解为若干个单独实体。

1. 输入命令的方式

1）单击"修改"工具栏中的"分解"按钮，如图 3-42 所示。

2）单击菜单栏"修改"→"分解"命令。

3）键盘输入：EXPLODE ↙。

2. 命令的操作

命令：(输入"分解"命令)

EXPLODE 选择对象：(选择要分解的实体)↙

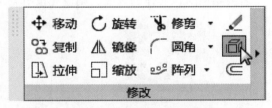

图 3-42　"修改"工具栏中的"分解"按钮

3.9　用"特性"选项板进行查看和修改

用"特性"命令可查看并全方位地修改单个实体（如直线、圆、圆弧、多段线、矩形、正多边形、椭圆、样条曲线、文字、尺寸、剖面线、图块等）的特性。该命令也可以同时修改多个实体上共有的实体特性，根据所选实体不同，系统将分别显示不同内容的"特性"选项板。

若要查看或修改一个实体的特性，则应一次选择一个实体，"特性"选项板中将显示这个实体的各项特性，并可根据需要进行修改。若要修改一组实体的共有特性，则应一次选择多个实体，"特性"选项板中将显示这些实体的共有特性，可修改选项板中显示的内容。

"特性"命令的输入方法如下：

1）单击"特性"工具栏右下角的箭头，如图 3-43 所示。

2）键盘输入：PROPERTIES（PR）↙。

3）快捷键输入：按<Ctrl+1>组合键。

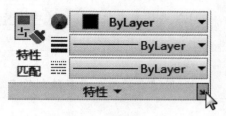

图 3-43 "特性"工具栏

输入命令后，会立刻弹出"特性"选项板。弹出选项板后，在待命状态下，直接选择所要修改的实体（实体特征点上出现彩色小方框即为选中）；也可单击"特性"选项板右上部分的"选择对象"按钮 ✛ 来选择实体。结束后，"特性"选项板中将显示所选实体的特性。

在"特性"选项板中修改实体的特性，无论一次修改一个还是多个，无论修改哪一种实体，都可归纳为以下两种情况。

1. 修改数值选项

修改数值选项有两种方法：

（1）用"拾取点"方式修改 如图 3-44 所示，单击需要修改的选项行，该行最后面会立刻显示一个"拾取点"按钮 ，单击该按钮，即可在绘图区中用拖动的方法给出所选特征点的新位置，确定后即可完成修改。

（2）用"输入—新值"方式修改 如图 3-45 所示，单击需要修改的选项行，激活后可输入新值，按<Enter>键确定后，即可完成修改。修改后可继续选择其他选项对该实体进行修改。

若要结束对该实体的修改，则应先按<Esc>键，然后选择其他实体进行修改或结束修改。

图 3-44 用"拾取点"方式修改数值选项

图 3-45 用"输入—新值"方式修改数值选项

说明：

激活的数据行后面还将显示"快速计算器"按钮 ，单击该按钮可弹出"快速计算器"对话框，如图3-46所示。应用"快速计算器"可进行各种数学和三角计算，AutoCAD 2019的快速计算采用标准的数学表达式和图形表达式，包括交点、距离和角度计算；在"快速计算器"中进行计算时，计算值将自动存储到历史记录列表中，以便在后续的计算中查看。

图3-46　"快速计算器"对话框

2. 修改有下拉列表的选项

在"特性"选项板中单击需要修改的选项行，再单击该行最后显示的下拉列表按钮 ▼ （图3-47），从下拉列表中选取所需要的选项（如"粗实线"），即可完成修改。修改完成后可继续选择其他选项对该实体进行修改，或按<Esc>键结束对该实体的修改。

1）"特性"选项板若有需要也可不关闭，则可将该对话框移至合适的地方，不影响其他命令的操作。

2）"特性"选项板具有自动隐藏功能。设置自动隐藏的方法是：单击"特性"选项板标题栏上的"自动隐藏"按钮 ◀▌，使之变成 ▐▶ 形状，即激活了自动隐藏功能。开启自动隐藏功能后，当光标至对话框之外时，将只显示"特性"选项板的标题栏部分；当光标移至对话框标题栏上时，"特性"选项板将自动展开。这样就可以节约很大一部分绘图面积，使绘图更方便。若要取消自动隐藏功能，则应再单击"自动隐藏"按钮。

图3-47　修改有下拉列表选项示例

3）打开状态栏上"QP"（快捷特性）模式开关，在"命令："状态时，选择所要查看或修改的实体，AutoCAD 2019将在所选实体处自动弹出"快捷特性"选项板，显示所选实体的特性并可在其中进行修改。

3.10　用"特性匹配"功能进行特别修改

所谓"特性匹配"功能，就是把"源实体"的颜色、图层、线型、线型比例、线宽、文字样式、标注样式、剖面线等特性复制给其他的实体。若把上述特性全部复制，则称为"全特性匹配"；若把上述部分特性进行复制，则称为"选择性匹配"。

1. **输入命令的方式**

1）单击"特性"工具栏中的"特性匹配"按钮，如图 3-48 所示。

2）单击菜单栏"修改"→"特性"命令。

3）键盘输入：MATCHPROP（MA）↙。

2. **命令的操作**

（1）全特性匹配　在默认设置状态时，全特性匹配的操作步骤如下：

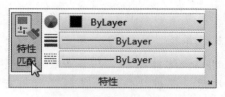

图 3-48　"特性"工具栏中的
"特性匹配"按钮

命令：(输入"特性匹配"命令)

MATCHPROP 选择源对象：(选择源对象)

当前活动设置：颜色　图层　线型　线型比例　线宽　透明度　厚度　打印样式　标注　文字　图案填充　多段线　视口　表格　材质　多重引线　中心对象　(该行为信息行)

MATCHPROP 选择目标对象或[设置(S)]：(选择需要修改的实体)

MATCHPROP 选择目标对象或[设置(S)]：(可继续选择需要修改的实体,或按<Enter>键结束命令)

（2）选择特性匹配

命令：(输入"特性匹配"命令)

MATCHPROP 选择源对象：(选择源对象)

当前活动设置：颜色　图层　线型　线型比例　线宽　透明度　厚度　打印样式　标注　文字　图案填充　多段线　视口　表格　材质　多重引线　中心对象　(该行为信息行)

MATCHPROP 选择目标对象或[设置(S)]：(选择"设置"选项)

AutoCAD 2019 系统立刻弹出"特性设置"对话框,如图 3-49 所示。

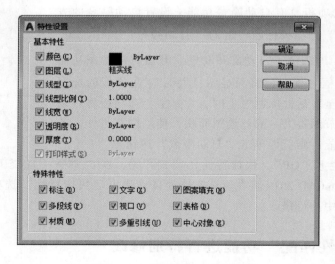

图 3-49　"特性设置"对话框

"特性设置"对话框中的默认设置为全特性匹配，即对话框中所有复选按钮均为选中状态。若只需复制其中的某些特性，则将不需要复制的特性复选按钮取消选中即可。

上机练习与指导

3-1 按图 3-50 中 a→b→c→d 顺序，画出图形。

> **提示：**
> ※ 用"直线""矩形""偏移"命令完成图 3-50a。
> ※ 用"复制""旋转""移动"命令完成图 3-50b。
> ※ 用"矩形阵列"命令完成图 3-50c。阵列 3 行、2 列，阵列的行间距为"-60"，列间距为"60"。
> ※ 用"拉伸"命令完成图 3-50d。采用交叉窗口选择图形中伸出部分，捕捉定位。

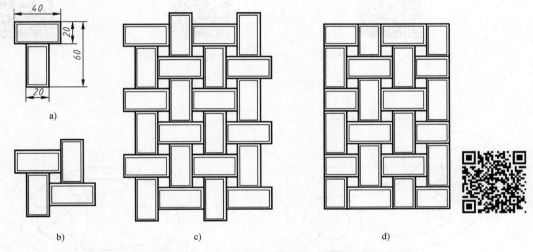

图 3-50 "偏移""复制""旋转""拉伸"命令练习

3-2 按给定尺寸，画出图 3-51 所示的圆弧连接图形，不标注尺寸。

> **提示：**
> ※ 圆心的相对位置即中心线可以先绘制出一组，然后用"复制"命令定出其他位置。
> ※ 用画"圆"命令画出各已知圆。
> ※ 图中的连接弧可直接用"圆角"命令绘制。

3-3 按给定尺寸，画出图 3-52 所示的图形，不标注尺寸。

> **提示：**
> ※ 图 3-52a 中的连接弧 R60mm 可先用"相切、相切、半径"方式绘制出圆，再用"修剪"命令改成连接弧。
> ※ 图 3-52b 中的连接弧 R55mm 和 R100mm 可先用"相切、相切、半径"方式绘制出圆，再用"修剪"命令改成连接弧。

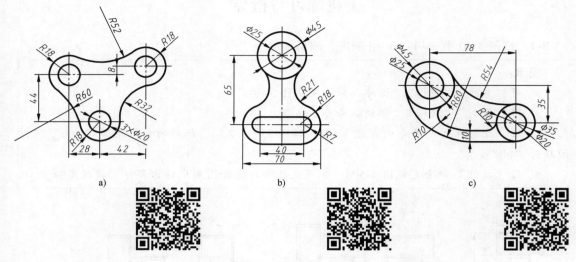

图 3-51 "直线""复制""圆""圆角"命令练习

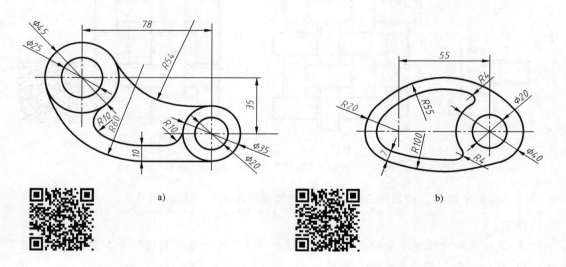

图 3-52 "复制""偏移""圆角""圆""修剪"命令练习

3-4　按给定尺寸，画出图 3-53 所示的图形，不标注尺寸（未注尺寸自定）。

提示：

※ 图 3-53a 中的"正五边形"和"圆"的尺寸自行确定。

※ 图 3-53b 中间距为 8mm 的两条直线可以用铅垂的点画线分别向左右两侧偏移 4mm，然后用"修剪"命令修改，并将两条点画线换为粗实线。

3-5　按给定尺寸，画出图 3-54 所示的图形，不标注尺寸。

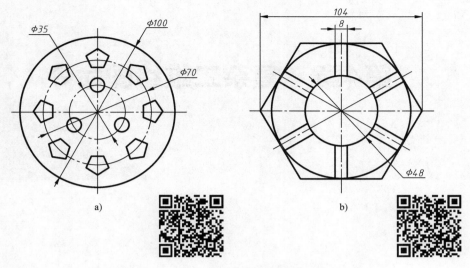

图 3-53　"正多边形""阵列"命令练习

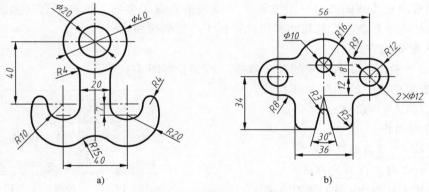

图 3-54　"镜像"命令练习

第4章　复杂二维绘图命令

4.1　多段线

多段线由直线或圆弧组成，可以改变线宽，画成等宽或不等宽的线段，由一次"多段线"命令画成的直线或圆弧是一个整体。多段线组合形式多样，弥补了直线和圆功能的不足，适合绘制各种复杂图形的轮廓，因此得到了广泛的应用。

1. 输入命令的方式

1）单击"绘图"工具栏中的"多段线"按钮，如图 4-1 所示。

2）单击菜单栏"绘图"→"多段线"命令。

3）键盘输入：PLINE（PL）↙。

2. 命令的操作

命令:（输入"多段线"命令）

PLINE 指定起点:（指定起点）

当前线宽为 0.0000（该行为信息行）

PLINE 指定下一个点或［圆弧（A）/半宽（H）/长度

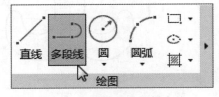

图 4-1　"绘图"工具栏中的
"多段线"按钮

（L）/放弃（U）/宽度（W）]:（指定点或选择选项）

PLINE 指定下一个点或［圆弧（A）/闭合（C）/半宽（H）/长度（L）/放弃（U）/宽度（W）]:
（给点或选择选项）　（该行为直线方式提示行）

（1）直线方式提示行各选项含义

"指定下一个点"：默认项。所给的点是直线的一端点，给点后仍出现直线方式提示行，可继续指定点画多条直线或按<Enter>键结束命令。

选"闭合（C）"：与"直线"命令中的同类选项相同，即使终点与起点相连并结束命令。

选"宽度（W）"：可改变当前线宽。输入选项后，出现以下提示行：

PLINE 指定起点宽度<0.0000>:（指定起点宽度）

PLINE 指定端点宽度<1.0000>:（指定终点宽度）

指定线宽后仍出现直线方式提示行。

若起始线宽与终点线宽相同，则画等宽线；若起始线宽与终点线宽不同，则所画的第一条线为不等宽线，且后续线段将按终点线宽画等宽直线。

选"半宽（H）"：按线宽的一半指定当前线宽。

选"长度（L）"：可输入一个长度值，按指定长度延长上一条直线。

选"放弃（U）"：在命令中擦去最后画出的那条线。

选"圆弧（A）"：使 PLINE 命令转入画圆弧方式。

（2）圆弧方式提示行各选项含义　选"圆弧（A）"选项后，出现圆弧方式提示行：

PLINE[角度（A）/圆心（CE）/闭合（CL）/方向（D）/半宽（H）/直线（L）/半径（R）/第二个点（S）/放弃（U）/宽度（W）]:(指定点或选择选项)

直接指定点：所指定的点是圆弧的终点。

选"角度（A）"：可输入圆弧的包含角。

选"圆心（CE）"：可指定所画圆弧的圆心。

选"方向（D）"：可指定所画圆弧起点的切线方向。

选"半径（R）"：可指定所画圆弧的半径。

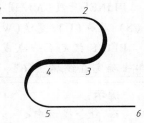

选"第二个点（S）"：可指定按三点方式画弧的第"2"点。

选"直线（L）"：返回画直线方式，出现直线方式提示行。

"半宽（H）""宽度（W）""放弃（U）""闭合（CL）"选项均与直线方式中的同类选项相同。

图 4-2　用"多段线"命令
绘制等宽线和变宽线

例 4-1　用"多段线"命令绘制如图 4-2 所示的图形。

提示：

※ 绘图窗口用全屏显示。

※ 图中尺寸作图时确定。

命令:(输入"多段线"命令)

PLINE 指定起点:(单击确定点"1")

当前线宽为 0.0000(该行为信息行)

PLINE 指定下一个点或[圆弧（A）/半宽（H）/长度（L）/放弃（U）/宽度（W）]:(单击确定点"2")

PLINE 指定下一点或[圆弧（A）/闭合（C）/半宽（H）/长度（L）/放弃（U）/宽度（W）]:
W↙

PLINE 指定起点宽度<0.0000>:↙

PLINE 指定端点宽度<0.0000>:2↙

PLINE 指定下一点或[圆弧（A）/闭合（C）/半宽（H）/长度（L）/放弃（U）/宽度（W）]:
A↙

PLINE 指定圆弧的端点(按住<Ctrl>键以切换方向)或

PLINE[角度（A）/圆心（CE）/闭合（CL）/方向（D）/半宽（H）/直线（L）/半径（R）/第二个点（S）/放弃（U）/宽度（W）]:(单击确定圆弧端点"3"画出变宽圆弧)

PLINE 指定圆弧的端点(按住<Ctrl>键以切换方向)或

PLINE[角度（A）/圆心（CE）/闭合（CL）/方向（D）/半宽（H）/直线（L）/半径（R）/第二个

点(S)/放弃(U)/宽度(W)]:L↙

　　PLINE 指定下一点或[圆弧(A)/闭合(C)/半宽(H)/长度(L)/放弃(U)/宽度(W)]:
(单击确定直线端点"4")

　　PLINE 指定下一点或[圆弧(A)/闭合(C)/半宽(H)/长度(L)/放弃(U)/宽度(W)]:W↙

　　PLINE 指定起点宽度<2.0000>:↙

　　PLINE 指定端点宽度<2.0000>:0↙

　　PLINE 指定下一点或[圆弧(A)/闭合(C)/半宽(H)/长度(L)/放弃(U)/宽度(W)]:A↙

　　PLINE 指定圆弧的端点(按住<Ctrl>键以切换方向)或

　　PLINE[角度(A)/圆心(CE)/闭合(CL)/方向(D)/半宽(H)/直线(L)/半径(R)/第二个
点(S)/放弃(U)/宽度(W)]:(单击确定圆弧端点"5"画出变宽圆弧)

　　PLINE 指定圆弧的端点(按住<Ctrl>键以切换方向)或

　　PLINE[角度(A)/圆心(CE)/闭合(CL)/方向(D)/半宽(H)/直线(L)/半径(R)/第二个
点(S)/放弃(U)/宽度(W)]:L↙

　　PLINE 指定下一点或[圆弧(A)/闭合(C)/半宽(H)/长度(L)/放弃(U)/宽度(W)]:
(单击确定直线端点"6",按<Enter>键结束绘图)

提示:

　　※ 命令提示中< >内的数值为默认前一个设定的值,操作时默认此值可以直接按
<Enter>键。

4.2　样条曲线和修订云线

4.2.1　样条曲线

　　用"样条曲线"命令可以绘制通过或接近给定的一系列连续点的光滑曲线。样条曲线
主要用于机械图中的波浪线、断裂线等手画曲线。

1. 输入命令的方式

1)单击"绘图"工具栏中的"样条曲线"按钮,如图4-3所示。

2)单击菜单栏"绘图"→"样条曲线"命令。

3)键盘输入:SPLINE(SPL)↙。

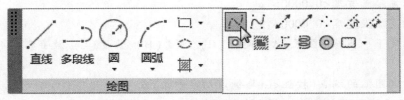

图4-3　"绘图"工具栏中的"样条曲线"按钮

2. 命令的操作（图4-4）

命令:(输入"样条曲线"命令)

指定第一个点或[方式(M)/节点(K)/对象(O)]:(指定"A"点)

SPLINE 输入下一个点或[起点切向(T)/公差(L)]:(指定"B"点)

SPLINE 输入下一个点或[端点相切(T)/公差(L)/放弃(U)]:(指定"C"点)

SPLINE 输入下一个点或[端点相切(T)/公差(L)/放弃(U)/闭合(C)]:(指定"D"点)

SPLINE 输入下一个点或[端点相切(T)/公差(L)/放弃(U)/闭合(C)]:(指定"E"点)

SPLINE 输入下一个点或[端点相切(T)/公差(L)/放弃(U)/闭合(C)]:↙

1)命令行中的"闭合（C）"选项可以使曲线首尾闭合。

2)命令行中的"公差（L）"选项用来指定拟合公差，拟合公差决定所画曲线与定点的接近程度。拟合公差越大，曲线离指定点越远；拟合公差为 0，曲线将通过指定点（默认值为 0）。

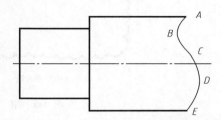

图 4-4 用"样条曲线"命令绘制波浪线

3)命令行中的"端点相切（T）"选项用来指定样条曲线起点或端点（即终点）的相切方向。

4)命令行中的"方式（M）"选项用来选择样条曲线的绘图方式（拟合点方式和控制点方式），默认为拟合点方式。使用控制点方式绘制样条曲线时，显示指定的点之间的临时线，从而形成确定样条曲线形状的多边形。

> **提示：**
> ※ 样条曲线中各点的位置根据图形由目测确定，且各点不能在一条直线上。
> ※ 样条曲线常用于绘制工程图中的波浪线。

4.2.2 修订云线

用"修订云线"命令可以绘制类似于云朵一样的连续曲线，若将云线的弧长设置得很小，则可实现手动画线。系统提供了三种修订云线的方式，即矩形、多边形和徒手画方式。

1. 输入命令的方式

1)单击"绘图"工具栏中的"修订云线"按钮，如图 4-5 所示。

2)单击菜单栏"绘图"→"修订云线"命令。

3)键盘输入：REVCLOUD ↙。

2. 命令的操作

(1)矩形云线（图 4-6）

命令:(输入修订云线"矩形"命令 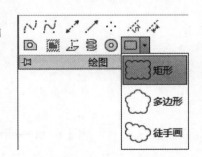)

图 4-5 "绘图"工具栏中的
"修订云线"按钮

最小弧长:15 最大弧长:15 样式:普通 类型:矩形

(该行为信息行)

REVCLOUD 指定第一个角点或[弧长(A)/对象(O)/矩形(R)/多边形(P)/徒手画(F)/样式(S)/修改(M)]<对象>:A ↙(修改弧长)

REVCLOUD 指定最小弧长<15.0000>:5 ↙

REVCLOUD 指定最大弧长<5.0000>:✓(默认值)

REVCLOUD 指定第一个角点或[弧长(A)/对象(O)/矩形(R)/多边形(P)/徒手画(F)/样式(S)/修改(M)]<对象>:(指定点"1")

REVCLOUD 指定对角点:(指定点"2")✓

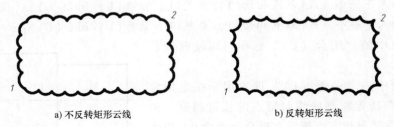

a) 不反转矩形云线　　　　　　　　b) 反转矩形云线

图 4-6　用"修订云线"命令画矩形云线示例

（2）多边形云线（图 4-7）

命令:(输入修订云线"多边形"命令 ⬡ ▾)

REVCLOUD 指定起点或[弧长(A)/对象(O)/矩形(R)/多边形(P)/徒手画(F)/样式(S)/修改(M)]<对象>:A✓(修改弧长)

REVCLOUD 指定最小弧长<15.0000>:6✓

REVCLOUD 指定最大弧长<6.0000>:✓(默认值)

REVCLOUD 指定起点或[弧长(A)/对象(O)/矩形(R)/多边形(P)/徒手画(F)/样式(S)/修改(M)]<对象>:(指定点"1")

REVCLOUD 指定下一点:(指定点"2")

REVCLOUD 指定下一点或[放弃(U)]:(指定点"3")

REVCLOUD 指定下一点或[放弃(U)]:(指定点"4")

REVCLOUD 指定下一点或[放弃(U)]:(指定点"5")

REVCLOUD 指定下一点或[放弃(U)]:✓

图 4-7　用"修订云线"命令画多边形云线示例（五边形云线）

（3）徒手画云线（图 4-8）

命令:(输入修订云线"徒手画"命令 ☁ ▾)

最小弧长:5　最大弧长:5　样式:普通　类型:徒手画(该行为信息行)

REVCLOUD 指定第一个点或[弧长(A)/对象(O)/样式(S)]<对象>:(给起始点)

REVCLOUD 沿云线路径引导十字光标…(移动鼠标目测画线,直至终点右击或按<Enter>键确定)

REVCLOUD 反转方向[是(Y)/否(N)]<N>：(选择选项后，按<Enter>键结束命令)

a) 不反转直线　　　　　　　　b) 反转曲线　　　　　　　　c) 封闭曲线

图 4-8　用"修订云线"命令画徒手画云线示例

提示：

※ 若选择"弧长（A）"选项，则可以修改云线的圆弧大小。

※ 若选择"对象（O）"选项，则可修改已有的云线，即将已有的直线和圆转换为云状线，如图 4-9 所示。

※ 若选择"样式（S）"选项，则可在"普通（N）"或"手绘（C）"两种圆弧样式中重新选择。

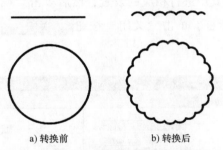

a) 转换前　　　　　　　　　b) 转换后

图 4-9　将已有的直线和圆转换为云状线的示例

4.3　多重引线

在 AutoCAD 2019 中，可以按需要创建多重引线样式，绘制引线和相应的内容，并可方便地修改多重引线。

4.3.1　创建多重引线样式

多重引线样式决定了所绘多重引线的形式和相关内容。如果默认的"Standard"多重引线样式不是所需要的，则应先设置多重引线样式。

输入"多重引线"命令后，系统弹出"多重引线样式管理器"对话框，如图 4-10 所示。

"多重引线样式管理器"对话框左边是"样式（S）"区，中部为"预览"区，右边有四个按钮："置为当前"按钮 置为当前(U) 可将选中的多重引线样式设置为当前样式；"新建"按钮 新建(N)... 用于创建多重引线样式；"修改"按钮 修改(M)... 用于修改已有的多重引线样式；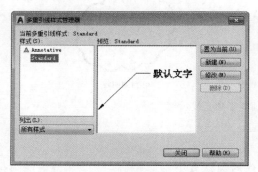按钮用于删除多重引线样式。单击"新建"按钮将弹出"创建新多重引线样式"对话框，如图 4-11 所示。

图 4-10 "多重引线样式管理器"对话框　　　　　图 4-11 "创建新多重引线样式"对话框

在"创建新多重引线样式"对话框的"新样式名（N）"文本框中输入新建样式名（如"序号引线"），单击"继续"按钮　继续(0)　，系统弹出"修改多重引线样式：序号引线"对话框，如图 4-12 所示。在其中进行相应的设置，然后单击"确定"按钮　确定　，返回"多重引线样式管理器"对话框，单击"关闭"按钮　关闭　，所设置的样式将被保存并设为当前。

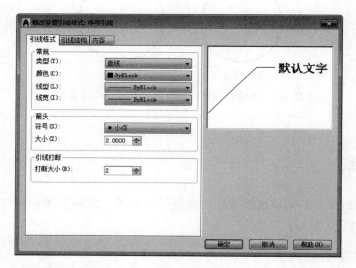

图 4-12 "修改多重引线样式：序号引线"对话框的"引线格式"选项卡

"修改多重引线样式：序号引线"对话框中，除预览框外还有"引线格式""引线结构"和"内容"三个选项卡。

（1）"引线格式"选项卡（图 4-12）　"引线格式"选项卡有"常规""箭头"和"引线打断"三个选项组，其内容如下：

1）"类型（T）"下拉列表框 直线 ：可从中选择一种所需的引线形状（直线或样条曲线）。

2）"颜色（C）"下拉列表框 ByBlock：可从中选择一种作为引线的颜色。

3）"线型（L）"下拉列表框 ByBlock：可从中选择一种作为引线的线型。

4）"线宽（I）"下拉列表框 ByBlock：可从中选择一种作为引线的线宽。

5）"符号（S）"下拉列表框 小点：可从中选择一种作为引线起点的符号形式。

6）"大小（Z）"文本框 2.0000：用来设定引线起点符号的大小。

7）"打断大小（B）"文本框 2：用来设定对多重引线执行折断标注命令时被自动打断的长度。

（2）"引线结构"选项卡（图4-13）"引线结构"选项卡有"约束""基线设置"和"比例"三个选项组，其内容如下：

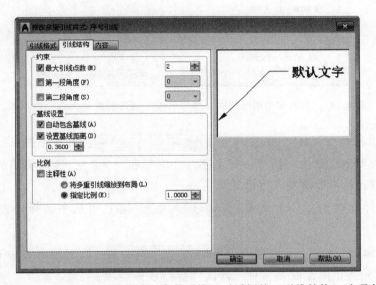

图4-13　"修改多重引线样式：序号引线"对话框的"引线结构"选项卡

1）"最大引线点数（M）"复选按钮 **最大引线点数(M)**：选中它，可在其后的文本框 2 中设定绘制引线时所给端点的最大数量；未选中它，绘制引线时所给端点的点数无限制。

2）"第一段角度（F）"复选按钮 **第一段角度(F)**：选中它，可在其后的下拉列表框 0 中设定第一段引线的倾斜角度；未选中它，第一段引线的倾斜角度不固定。

3）"第二段角度（S）"复选按钮 **第二段角度(S)**：选中它，可在其后的下拉列表框 0 中设定第二段引线的倾斜角度；未选中它，第二段引线的倾斜角度不固定。

4）"自动包含基线（A）" **自动包含基线(A)** 和"设置基线距离" **设置基线距离(I)**

复选按钮：用来控制在引线终点是否加一条水平引线，选中它们后可在其编辑框中设置该引线的长度。

5）"注释性（A）"复选按钮：用该样式所绘制的多重引线将成为注释性对象。

（3）"内容"选项卡（图4-14） "内容"选项卡有"多重引线类型""文字选项"和"引线连接"三个选项组，其内容如下：

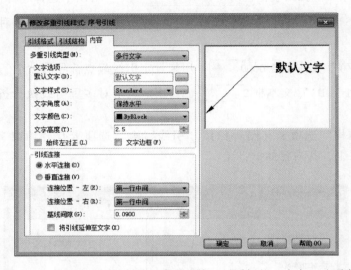

图4-14 "修改多重引线样式：序号引线"对话框的"内容"选项卡

1）"多重引线类型（M）"下拉列表 多行文字 ：可从中选择一项作为引线终点所注写内容的类型（其中包括"多行文字""块"和"无"），选择不同的选项，其下部将显示不同的内容，可按需要进行设置。

2）"文字样式（S）"下拉列表 Standard ：可从中选择一种已设置的文字样式。

3）"文字角度（A）"下拉列表 保持水平 ：该下拉列表中有"保持水平""按插入"和"始终正向读取"三种，默认"保持水平"项。

4）"文字颜色（C）"下拉列表 ByBlock ：默认随层，也可以重新选择一种颜色。

5）"文字高度（T）"文本框 2.5 ：用于设置文字高度。

4.3.2 绘制多重引线

设置所需的多重引线样式后，可用"多重引线"命令绘制多重引线。

1. 输入命令的方式

1）单击"多重引线"工具栏 Standard 中的"多重引线"按钮 。

2）键盘输入：MLEADER ✓。

2．命令的操作

以绘制图 4-15a 所示引线为例，首先设置相应的多重引线样式为当前，设置"引线格式"→"箭头"→"符号（S）"→"小点" ● 小点 ▾。

命令：输入"多重引线"命令

MLEADER 指定引线箭头的位置或［引线基线优先（L)/内容优先(C)/选项(O)］<选项>：（指定第"1"点）

MLEADER 指定引线基线的位置：（指定第"2"点）

系统显示"多行文字"文本框，输入相应文字，确定后即完成绘制。

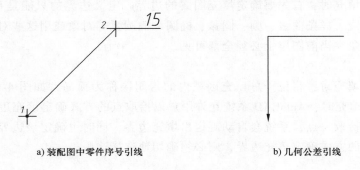

a) 装配图中零件序号引线　　　　　　　　b) 几何公差引线

图 4-15　画多重引线示例

提示：

※ 图 4-15b 中，需要设置"引线格式"→"箭头"→"符号（S）"→"实心闭合" ▶ 实心闭合 ▾。

※ 图 4-15b 中需要将"状态栏"中的"正交" ⌐ 打开。在提示输入文字时直接确定，即只画引线。

※ 在命令中输入"ML"并按<Enter>键，将弹出图 4-16 所示的临时菜单，其中的"MLEADERSTYLE"为"创建和修改多重引线样式"命令，"MLD（MLEADER）"为"画多重引线"命令。

图 4-16　"创建和修改多重引线
样式"临时菜单

※ 绘图界面如果没有"多重引线"工具栏，可单击菜单栏"工具（T）"→"工具栏"→"AutoCAD"→"多重引线"命令。

4.4 图样填充

在机械图样中，经常用到剖视图和断面图，用"图案填充"命令可直接创建出不同的剖面线。在建筑图样中，其剖面图和断面图表达的各种材料，也用"图案填充"命令进行填充。

4.4.1 基本概念

1. 图案边界

当进行图案填充时，首先要确定填充图案的边界。定义边界的只能是直线、双向射线、单向射线、多段线、样条曲线、圆、圆弧、椭圆、椭圆弧等对象或用这些对象定义的块，而且作为边界的对象在当前图层上必须全部可见。

2. 孤岛

在进行图案填充时，将位于总填充区域内的封闭区称为孤岛，如图 4-17 所示。在使用"HATCH"命令填充时，AutoCAD 系统允许用户以拾取点的方式确定填充边界，即在希望填充的区域内任意拾取一点，系统会自动确定出填充边界，同时也确定该边界内的孤岛。如果用户以选择对象的方式确定填充边界，则必须确切地选择这些岛。

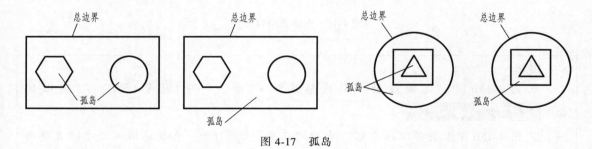

图 4-17　孤岛

3. 填充方式

在进行图案填充时，需要控制填充的范围，AutoCAD 系统为用户设置了以下三种填充方式，以实现对填充范围的控制。

（1）普通方式　如图 4-18a 所示，该方式从边界开始，从每条填充线或每个填充符号的两端向里填充，遇到内部对象与之相交时，填充线或符号断开，直到遇到内部对象下一次相交时再继续填充。采用这种填充方式时，要避免填充线或符号与内部对象的相交次数为奇数，该方式为系统内部的默认方式。

（2）最外层方式　如图 4-18b 所示，该方式从边界向里填充，只要在边界内部与对象相交，剖面符号就会断开，而不再继续填充。

（3）忽略方式　如图 4-18c 所示，该方式忽略边界内的对象，所有内部结构都被剖面符号覆盖。

4.4.2 图案填充的操作

1. 输入命令的方式

1）单击"绘图"工具栏中的"图案填充"按钮▨或"渐变色"按钮▨，如图 4-19

a) 普通方式　　　　b) 最外层方式　　　　c) 忽略方式

图 4-18　图案填充的三种方式

所示。

2）单击菜单栏"绘图"→"图样填充"或"渐变色"命令。

3）单击功能区"默认"选项卡"绘图"面板中的"图案填充"按钮。

4）键盘输入：HATCH✓。

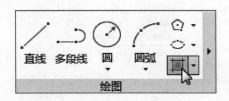

图 4-19　"绘图"工具栏中的"图案填充"按钮

2. 命令的操作

命令：(输入"图样填充"命令)

HATCH 拾取内部点或[选择对象(S)/放弃(U)/设置(T)]：

各选项操作说明如下：

1）出现"HATCH"拾取内部点或［选择对象(S)/放弃(U)/设置(T)]："（默认方式）命令行后，在要填充的图形内部单击并按<Enter>键完成填充，如图 4-20 所示。

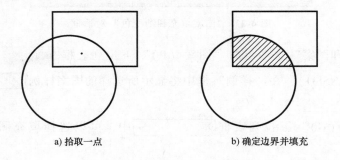

a) 拾取一点　　　　b) 确定边界并填充

图 4-20　拾取内部点方式

2）选择命令行"HATCH 拾取内部点或［选择对象（S)/放弃(U)/设置(T)]："中的"选择对象（S)"选项后，将提示"选择对象或［拾取内部点（K)/放弃(U)/设置(T)]："然后用拾取框选择要填充图形的边界线，如图 4-21 所示。

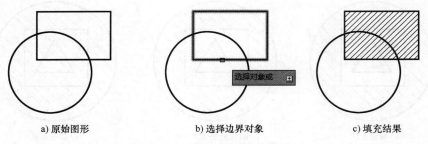

a) 原始图形　　　　　b) 选择边界对象　　　　　c) 填充结果

图 4-21　选择边界对象的方式

3）选择提示行"HATCH 拾取内部点或［选择对象（S）/放弃（U）/设置（T）］:"中的"设置（T）"选项，将弹出"图案填充和渐变色"对话框，如图 4-22 所示。

图 4-22　"图案填充和渐变色"对话框

4）在"类型和图案"选项组的"图案（P）"下拉列表框 ANSI31 ▼ … 中选择要填充的图案（如 ANSI31），在"样例"框中将显示所选择的图案样例 //////（如 45°方向斜线）。

5）在"角度（G）"下拉列表框 0 ▼ 中，可以选择填充图案与水平方向的角度。

6）在"比例（S）"下拉列表框 1.0000 ▼ 中，可以设置平行线间的距离。列表中数值越大，平行线之间的距离就越大。

7）"添加：拾取点（K）"按钮 ⊞ ，是用在图框内单击的方式填充图案。

8）"添加：选择对象（B）"按钮 ，是用选择对象的方式选择图框填充图案。

提示：

※ 对话框中的"角度"通常用于设置机械图剖面线的方向。例如，装配图中各零件的剖面线方向相反，填充时，要分别在"角度"下拉列表中选择"0"或"90"。

※ 对话框中的"比例"要根据图形的大小在"比例"下拉列表中选择"1"或"2"，如图 4-23 所示。

※ 机械图中常用的剖面线符号为"ANSI31"（表示金属材料）和"ANSI37"（表示非金属材料），如图 4-23 所示。

※"添加：拾取点"方式要求绘制剖面线的线框必须是封闭的，否则将提示"没有找到有效边界"。

※"渐变色"选项卡主要用于选择渐变（过渡）的单色或双色作为填充图案进行填充。

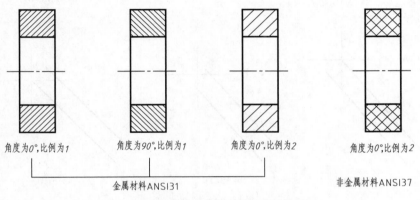

图 4-23　金属材料与非金属材料剖面线的绘制

4.5　多线

多线是一种复合线，由连续的直线段复合组成。在默认设置下，多线是由两条平行线元素构成的，并且每条平行线元素的线型、颜色以及间距都是可以设置的。多线的突出优点就是能够大大提高绘图效率，并保证图线之间的统一性。

4.5.1　绘制多线

1. 输入命令的方式

1）单击菜单栏"绘图"→"多线"命令。

2）键盘输入：MLINE ✓。

2. 命令的操作（图 4-24）

命令：输入"多线"命令

当前设置：对正＝上，比例＝20.00，样式＝STANDARD（该行为信息行）

MLINE 指定起点或[对正(J)/比例(S)/样式(ST)]:(指定第 1 点)

MLINE 指定下一点:(指定第 2 点)

MLINE 指定下一点或[放弃(U)]:(指定第 3 点)

MLINE 指定下一点或[闭合(C)/放弃(U)]:(指定第 4 点)

MLINE 指定下一点或 [闭合(C)/放弃(U)]:(指定第 5 点)

MLINE 指定下一点或 [闭合(C)/放弃(U)]:(指定第 6 点)

命令行中各选项的含义如下:

1) 对正（J）:该选项用于指定绘制多线的基准。共有三种对正类型:"上""无"和"下"。其中"上"表示以多线上侧的线为基准,其他两项依此类推。多线的三种对正方式如图 4-25 所示。

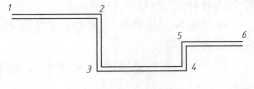

图 4-24　绘制多线示例

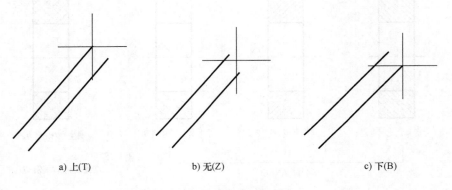

a) 上(T) 　　　　　 b) 无(Z) 　　　　　 c) 下(B)

图 4-25　多线的三种对正方式

2) 比例（S）:该选项要求用户设置平行线的间距。输入值为 0 时,平行线重合;输入值小于 0 时,多线的排列倒置。

3) 样式（ST）:该选项用于设置或修改当前的多线样式。

4) 闭合（C）:该选项用于绘制闭合的多线。

4.5.2　定义多线样式

在命令行输入"MLSTYLE"命令,系统将打开"多线样式"对话框,如图 4-26 所示。

在该对话框中,用户可以对多线样式进行新建、保存和加载等操作。下面通过新建一个多线样式来介绍该对话框的使用方法。欲新建的多线由三条平行线组成,即一条中心线和两条平行于中心线的实线,后两条实线分别相对于中心线上、下偏移 0.5mm,其操作步骤

图 4-26　"多线样式"对话框

如下。

1）在"多线样式"对话框中单击"新建"按钮 新建(N)... ，系统打开"创建新的多线样式"对话框，如图4-27所示。

2）在"创建新的多线样式"对话框的"新样式名（N）"文本框中输入"three"，单击"继续"按钮 继续 ，系统打开"新建多线样式：THREE"对话框，如图4-28所示。

图4-27 "创建新的多线样式"对话框

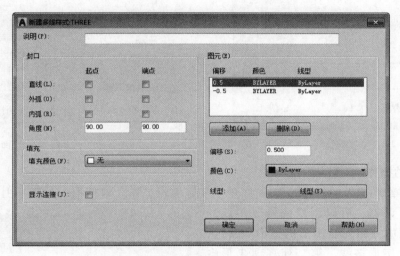

图4-28 "新建多线样式：THREE"对话框

3）在"封口"选项组中可以设置多线起点和端点的特性，包括直线、外弧或内弧封口以及封口线段或圆弧的角度。

4）在"填充颜色（F）"下拉列表中可以选择多线的填充颜色。

5）在"图元（E）"选项组中可以设置多线元素的特性。单击"添加"按钮 添加(A) ，可以为多线添加元素；单击"删除"按钮 删除(D) ，可以为多线删除元素。在"偏移（S）"文本框中可以设置选中元素的位置偏移值。在"颜色（C）"下拉列表中可以为选中的元素选择颜色。单击"线型"按钮 线型(Y)... ，系统打开"选择线型"对话框，可以为选中的元素设置线型。

6）设置完毕后，单击"确定"按钮 确定 ，返回"多线样式"对话框。在"样式"列表中会显示刚才设置的多线样式名，如图4-29所示。选择该样式，单击"置为当前"按钮 置为当前(U) ，则将刚才设置的多线样式置为当前样式，下面的预览框中会显示所选的多线样式。

7）单击"确定"按钮 确定 ，完成多线样式设置。

4.5.3　多线编辑

多线编辑应用于两条多线的衔接。

1. 输入命令的方式

1）单击菜单栏"修改"→"对象"→"多线"命令，如图 4-30 所示。

2）键盘输入：MLEDIT↙。

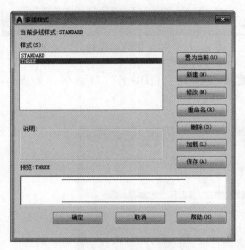

图 4-29 "多线样式"对话框

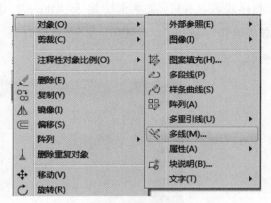

图 4-30 "多线编辑"命令

2. 命令的操作

输入"多线编辑"命令后，系统打开"多线编辑工具"对话框，如图 4-31 所示。

利用该对话框，可以创建或修改多线的模式。对话框中分四列显示示例图形。其中，第一列管理十字形多线，第二列管理 T 形多线，第三列管理拐角结合点和节点，第四列管理多线被剪切或连接的形式。

图 4-32 所示为例介绍多线编辑，其操作步骤如下：

1）单击菜单栏"修改"→"对象"→"多线"命令，打开"多线编辑工具"对话框，单击对话框面板中的"十字打开"按钮![按钮]，命令行提示：

命令:输入"多线编辑"命令

MLEDIT 选择第一条多线:（拾取框选择多线"1"，如图 4-32b 所示）

MLEDIT 选择第二条多线:（拾取框选择多线"2"，如图 4-32b 所示）

图 4-31 "多线编辑工具"对话框

编辑效果如图 4-32c 所示。

2）单击菜单栏"修改"→"对象"→"多线"命令，打开"多线编辑工具"对话框，单击对话框面板中的"T 形打开"按钮![按钮]，命令行提示：

命令:输入"多线编辑"命令

MLEDIT 选择第一条多线：(拾取框选择多线"3",如图 4-32b 所示)

MLEDIT 选择第二条多线：(拾取框选择多线"4",如图 4-32b 所示)

编辑效果如图 4-32c 所示。

3）单击菜单栏"修改"→"对象"→"多线"命令，打开"多线编辑工具"对话框，单击对话框面板中的"角点结合"按钮 $\llcorner$，命令行提示：

　命令：输入"多线编辑"命令

MLEDIT 选择第一条多线：(拾取框选择多线"5",如图 4-32b 所示)

MLEDIT 选择第二条多线：(拾取框选择多线"6",如图 4-32b 所示)

编辑效果如图 4-32c 所示。

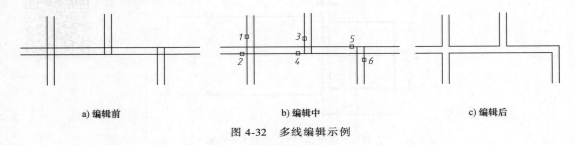

　　a) 编辑前　　　　　　　　　　　　b) 编辑中　　　　　　　　　　　　c) 编辑后

图 4-32　多线编辑示例

提示：

　※ 如果编辑多线时不能达到理想效果，就可以将多线分解，然后采用"夹点"模式进行编辑。

上机练习与指导

4-1　绘制如图 4-33 所示的"道路交通标志"图。

　a)"禁止非机动车进入"标志　　　　b)"禁止载货汽车驶入"标志　　　　c)"禁止鸣喇叭"标志

图 4-33　绘制"道路交通标志"示例

提示：

　※ 图 4-33a 中的直线部分可用"多段线"命令设置线宽绘制，车轮部分用"圆"命令绘制同心圆再进行填充。

※ 图 4-33b 中圆的部分先画同心圆再填充，斜线部分需要先设置极轴角为 45°，画线时注意直线要通过同心圆的圆心。车身部分用"直线"和"圆弧"命令绘制，车厢部分用"矩形"命令绘制，最后用图案填充。

※ 图 4-33c 中喇叭口和号嘴部分用"直线"和"圆弧"命令绘制，号管部分用"多段线"命令绘制（线宽设置为 0），然后用"偏移"命令作出号管的轮廓，最后用图案填充。

4-2 绘制如图 4-34 所示的图形，不标注尺寸。

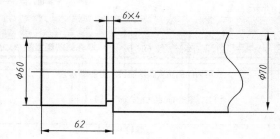

图 4-34 "直线""样条曲线""镜像""打断"命令练习

提示：

※ 图 4-34 所示图形上下对称，可以先画出一半的图形，再用"镜像"命令作出另一半。

※ 先用构造线确定各轮廓线的位置，再用"直线"命令绘制轴的轮廓。

※ 断裂部分用样条曲线绘制，绘制样条曲线的端点要利用"对象捕捉"功能。

※ 将中心线层更换为点画线层。

※ 打断中心线（打断时要关闭"对象捕捉"功能）并删除多余线。

4-3 用"矩形"命令绘制如图 4-35 所示的各长方形（三个矩形可以分开绘制）。

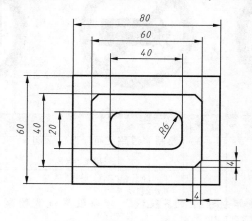

图 4-35 "矩形"命令练习

提示：

※ 绘制 80mm×60mm 矩形，其倒角距离为 0mm。

※ 绘制 60mm×40mm 矩形，其倒角距离为 4mm。

※ 绘制 40mm×20mm 矩形，设置其圆角半径为 R6mm。

4-4 绘制如图 4-36 所示的图形。

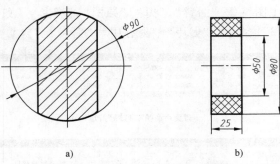

a)   b)

图 4-36 "镜像""图案填充"命令练习

提示：

※ 图 4-36a 中填充的图案为"ANSI31"，图 4-36b 中填充的图案为"ANSI37"。

※ 图案填充时的比例和角度可自行确定。

※ 图 4-36a 中粗实线圆弧用三点方式绘制，圆弧的三个点要逆时针绘制。

第5章　精确定点绘图与快速绘图

5.1　对象捕捉

对象捕捉是绘图时常用的精确定点方式，该方式可以精确定位到可见实体的某点特征上。例如，要把一条已有直线的一个端点作为起点画另一条直线，就可以用"端点"的"对象捕捉"模式，将光标移到靠近已有直线端点处，系统就会准确地捕捉到这条直线的端点，将其作为新画直线的起点。对象捕捉有临时对象捕捉和固定对象捕捉两种方式。

5.1.1　临时对象捕捉方式

临时对象捕捉方式指的是"对象捕捉"工具的使用比较灵活，它的特点是具有临时性，即选择一次捕捉模式，只能完成一次捕捉。

1. 临时对象捕捉方式的激活

绘图时，当命令行提示指定点时，在绘图区任意位置先按住<Shift>键，再单击鼠标右键弹出右键菜单，如图 5-1 所示。从右键菜单中可单击相应的某个捕捉模式，再去捕捉实体上的点，捕捉后即完成该次操作。

> **提示：**
> ※ 该右键菜单的捕捉模式比"对象捕捉"工具栏中增加了"两点之间的中点""点过滤器"和"三维对象捕捉"三个选项。

2. 对象捕捉的种类和标记

利用对象捕捉功能，可以在实体上捕捉到"对象捕捉"工具栏中所列出的 13 种捕捉点（即捕捉模式）。在 AutoCAD 2019 中打开对象捕捉时，把捕捉框放在一个实体上，系统不仅会自动捕捉该实体上符合选择条件的几何特征点，而且会显示相应的标记。对象捕捉标记的形状与"对象捕捉"工具栏上的按钮并不一样，应熟悉这些标记。

1）"对象捕捉"工具栏中各项的含义和相应的标记如下：

"端点（E）"按钮 ：捕捉直线段或圆弧等实体的端点，捕捉标

图 5-1　"临时对
象捕捉"菜单

记为"□"。

"中点（M）"按钮◢：捕捉直线段或圆弧等实体的中点，捕捉标记为"△"。

"交点（I）"按钮✕：捕捉直线段或圆弧等实体的交点，捕捉标记为"✕"。

"外观交点（A）"图标按钮✕：捕捉在二维图形中看上去是交点，但在三维图形中并不相交的点，捕捉标记为"⊠"。

"延长线（X）"图标按钮----：捕捉实体延长线上的点，应先捕捉该实体上的某端点，再延长，捕捉标记为"---"。

"圆心（C）"图标按钮⊙：捕捉圆或圆弧的圆心，捕捉标记为"○"。

"象限点（Q）"图标按钮◈：捕捉圆上 0°、90°、180°、270°位置上的点以及椭圆与长短轴相交的点，捕捉标记为"◇"。

"切点（G）"图标按钮○：捕捉所画线段与圆或圆弧的切点，捕捉标记为"○"。

"垂直（P）"图标按钮⊥：捕捉所画线段与某直线、圆、圆弧或其延长线垂直的点，捕捉标记为"└"。

"平行线（L）"图标按钮∥：捕捉与某线平行的点，不能捕捉绘制实体的起点，捕捉标记为"∥"。

"节点（D）"图标按钮⊡：捕捉由 POINT 等命令绘制的点，捕捉标记为"⊠"。

"插入点（S）"图标按钮⊷：捕捉图块的插入点，捕捉标记为"┗"。

"最近点（R）"图标按钮⊠：捕捉直线、圆、圆弧等实体上最靠近光标方框中心的点，捕捉标记为"⊠"。

2）其他图标的名称：

"无（N）"图标按钮：关闭临时对象捕捉方式。

"对象捕捉设置（O）"图标按钮：单击该图标可弹出"草图设置"对话框。

"临时追踪点（K）"图标按钮◼—◻：详见 5.2.3 参考追踪。

"自（F）"图标按钮：详见 5.2.3 参考追踪。

提示：

※ 只有在执行命令中要求输入点时，才可激活临时对象捕捉方式。

---

3. 临时对象捕捉方式的应用实例

例 5-1　如图 5-2 所示，用临时对象捕捉方式画两圆的公切线"12"和"34"。

操作步骤：

命令：(输入"直线"命令)

LINE 指定第一个点：(打开"临时对象捕捉"菜单，单击 ○ 按钮)

LINE 指定下一点或 [放弃（U）]：_tan 到(单击小圆上的"1"点)

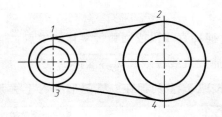

图 5-2　用临时对象捕捉方式画两圆的公切线实例

LINE 指定下一点或[放弃(U)]:_tan 到(打开"临时对象捕捉"菜单,单击 🔂 按钮)

LINE 指定下一点或[放弃(U)]:_tan 到<u>(单击大圆上的"2"点)</u>↙

命令:(输入"直线"命令)

LINE 指定第一个点:(打开"临时对象捕捉"菜单,单击 🔂 按钮)

LINE 指定下一点或[放弃(U)]:_tan 到(单击小圆上的"3"点)

LINE 指定下一点或[放弃(U)]:_tan 到(打开"临时对象捕捉"菜单,单击 🔂 按钮)

LINE 指定下一点或[放弃(U)]:_tan 到<u>(单击大圆上的"4"点)</u>↙

> **提示:**
>
> ※ 小圆上的"1"点和"3"点不在小圆与点画线的交点上,不能直接单击其交点,必须当圆的切点附近出现切点符号时再单击。

例 5-2　如图 5-3a 所示,已知线段"A"和"B",要求由"A"线的中点画一条与"B"线垂直相交的直线"12"。

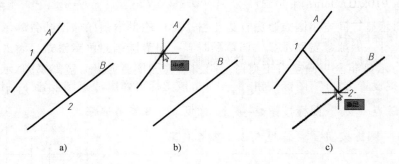

a)　　　　　　　　b)　　　　　　　　c)

图 5-3　画线段"12"示例

操作步骤:

命令:(输入"直线"命令)

LINE 指定第一个点:(打开"临时对象捕捉"菜单,单击 ⊿ 按钮)

LINE 指定下一点或[放弃(U)]:_tan 到(单击线段"A"上的"1"点,如图 5-3b 所示)

LINE 指定下一点或[放弃(U)]:_tan 到(打开"临时对象捕捉"菜单,单击 ⊥ 按钮)

LINE 指定下一点或[放弃(U)]:_tan 到(单击线段 B 上的"2"点↙,如图 5-3c 所示)

5.1.2　固定对象捕捉方式

固定对象捕捉方式与临时对象捕捉方式的区别是：临时对象捕捉方式是一种临时性的捕捉，选择一次捕捉模式只捕捉一个点；固定对象捕捉方式是指设置好对象捕捉模式后，打开它将自动执行所设置的捕捉模式，直至关闭。

绘制工程图时，一般将常用的几种对象捕捉模式设置成固定对象捕捉方式，将不常用的对象捕捉模式设置成临时对象捕捉方式。固定对象捕捉模式可通过单击状态栏上的"对象捕捉"开关来打开或关闭。

1. 固定对象捕捉方式的设置

设置固定对象捕捉方式的方法有以下两种：

1）右击状态栏上的"对象捕捉"开关 □，打开临时菜单，选择"对象捕捉设置"选项，系统弹出"草图设置"对话框，如图5-4所示。

2）键盘输入：OSNAP ✓。

"草图设置"对话框的"对象捕捉"选项卡中各项内容及操作如下：

（1）"启用对象捕捉"复选按钮　该复选按钮控制对象捕捉的打开与关闭。

（2）"启用对象捕捉追踪"复选按钮　该复选按钮控制追踪捕捉的打开与关闭。

（3）"对象捕捉模式"选项组　该选项组内有14种固定对象捕捉模式，其与临时对象捕捉模式相同。可以从中选择一种或多种对象捕捉模式形成一组固定模式，选择后单击"确定"按钮即完成设置。

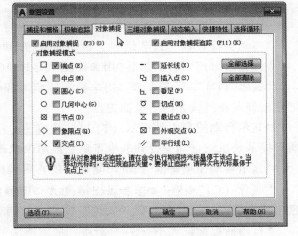

图5-4　"草图设置"对话框的"对象捕捉"选项卡

1）如果要清除所有的选择，则可单击对话框中的"全部清除"按钮 全部清除 。

2）如果单击"全部选择"按钮 全部选择 ，则将把14种固定对象捕捉模式全部选中。

> **提示：**
>
> ※ 因为设置的捕捉点过多，在绘图时容易产生识别混淆，给正确捕捉带来麻烦，影响作图速度，所以在"对象捕捉"选项卡设置时，最好不要全部选中。
>
> ※ 通常只设置几种常用的捕捉点，如端点 □ ☑端点(E)、中点 △ ☑中点(M)、圆心 ○ ☑圆心(C)、交点 ✕ ☑交点(I)等。

（4）"选项"按钮　单击"选项"按钮，系统将弹出显示"绘图"选项卡的"选项"对话框，如图5-5所示。

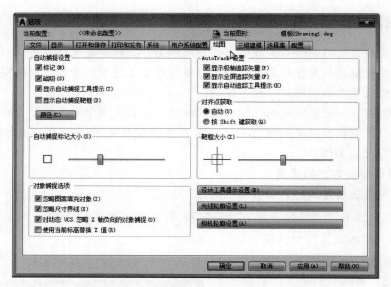

图 5-5　显示"绘图"选项卡的"选项"对话框

　　"自动捕捉设置"选项组和"自动捕捉标记大小"选项组中各项的含义如下：

　　"标记（M）"复选按钮：用来控制固定对象捕捉标记的打开或关闭。

　　"磁吸（G）"复选按钮：用来控制固定对象捕捉磁吸的打开或关闭。打开捕捉磁吸将把靶框锁定在所设置的对象捕捉点上。

　　"显示自动捕捉工具提示（T）"复选按钮：用来控制固定对象捕捉提示的打开或关闭。捕捉提示是系统自动捕捉到一个点后，显示出该捕捉的文字说明。

　　"显示自动捕捉靶框（D）"复选按钮：用来打开或关闭靶框。

　　"颜色（C）"按钮：单击该按钮弹出"图形窗口颜色"对话框，如果要改变标记的颜色，只需从该对话框右上角"颜色"窗口下拉列表中选择一种颜色即可。

　　"自动捕捉标记大小（S）"滑块：拖动滑块可以改变固定对象捕捉标记的大小。滑块左边的标记图例将实时显示出标记的颜色和大小。

2. 固定对象捕捉方式的应用示例

　　例 5-3　用固定对象捕捉方式绘制图 5-6b 所示的线段"12"和"34"。

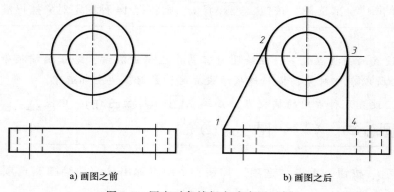

a) 画图之前　　　　　　　　　　　　　　b) 画图之后

图 5-6　固定对象捕捉方式应用示例

操作步骤：

（1）设置固定对象捕捉模式

1）右键单击状态栏上的"对象捕捉"开关 ⬚，选择右键菜单中的"对象捕捉设置"选项 对象捕捉设置…，系统弹出显示"对象捕捉"选项卡的"草图设置"对话框，在该对话框内增设"切点 ○ ☑切点(N)""象限点 ◇ ☑象限点(Q)"和"垂足 ⊥ ☑垂足(P)"固定对象捕捉模式，然后单击"确定"按钮退出对话框。

2）打开状态栏上的"对象捕捉"开关（其显示为蓝色）。

（2）画图

命令：（输入"直线"命令）

LINE 指定第一个点：（移动光标靠近"1"点，待其显示"交点"或"端点"标记后单击）

LINE 指定下一点或［放弃(U)］：（移动光标靠近圆的"2"点，待其显示"切点"标记后单击并确定）

命令：（输入"直线"命令）

LINE 指定第一个点：（移动光标靠近圆的"3"点，待其显示"象限点"标记后单击）

LINE 指定下一点或［放弃(U)］：（移动光标靠近"4"点，待其显示"垂足"标记后单击并确定）

5.2　极轴追踪、对象追踪与参考追踪

5.2.1　极轴追踪

极轴追踪是指在绘图过程中，当光标到达所设置的角度时，会出现用虚线表示的角度线和角度值的提示。极轴追踪不仅使平面图形的绘制方便快捷，而且使轴测图的绘制更为便捷。应用极轴追踪可以快速地捕捉到所设置的极轴角度线上的任意一点。应用时，必须先设置极轴角度，并打开状态栏中的"极轴追踪"开关。

1. 极轴追踪的设置

极轴追踪设置是通过操作显示"极轴追踪"选项卡的"草图设置"对话框（图5-7）来完成的。弹出该对话框可采用以下两种方式：

1）右击状态栏中的"极轴追踪"开关 ⊘，从弹出的右键菜单中选择"正在追踪设置"选项。

2）键盘输入：DSETTINGS ↙。

"草图设置"对话框中"极轴追踪"选项卡中各项内容及操作如下：

（1）"启用极轴追踪"复选按钮　该复选按钮控制极轴追踪的打开与关闭。

（2）"极轴角设置"选项组　从"增量角"下拉列表中选择一个角度值或输入一个新角度值，绘图时系统将按所设置角度的倍数角进行追踪（在绘图过程中，光标到达该角度，会出现角度提示或角度提示值）。例如：绘制平面图形、三视图时，角度设置为90°；绘制正等轴测图时，角度设置为30°。

操作该选项组内"附加角"复选按钮与"新建"按钮，可在"附加角"复选按钮下方

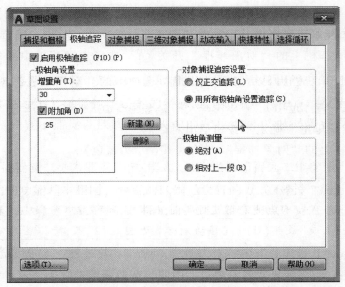

图 5-7 显示"极轴追踪"选项卡的"草图设置"对话框

的列表框中为极轴追踪增加一些附加追踪角度。

（3）"对象捕捉追踪设置"选项组 该选项组有两个选项："仅正交追踪"选项 ⊙仅正交追踪(L)（极轴角度为90°时），可用于绘制平面图形和三视图等；"用所有极轴角设置追踪"选项 ⊙用所有极轴角设置追踪(S)（极轴角度为30°时），可用于绘制正等轴测图，或绘制有多个极轴角设置时的斜线。

（4）"极轴角测量"选项组 该选项组用于设置极轴追踪角度的参考基准。"绝对"选项 ⊙绝对(A)，是指极轴追踪角度以当前用户坐标系（UCS）为参考基准。"相对上一段"选项 ⊙相对上一段(R)，是指极轴追踪的交点以上一个绘制的实体为参考基准。

（5）"选项"按钮 单击"选项"按钮 选项(T)...，系统将弹出显示"绘图"选项卡的"选项"对话框。

2. 极轴追踪的应用

例 5-4 按图 5-8a 所示的三视图尺寸，以 1∶1 的比例绘制长方体的正等轴测图。

操作步骤：

1）将固定对象捕捉模式设置为端点、中点、交点等。

2）将极轴角设置为30°，同时选中"用所有极轴角设置追踪（S）"。

3）按下状态栏中的"极轴追踪""对象捕捉"和"对象追踪"按钮。

4）将"粗实线"层置为当前图层。

① 画长方体的顶面（*ABCD*）。

命令：(输入"直线"命令)

LINE 指定第一个点：(单击确定起点"*A*")

LINE 指定下一点或[放弃（U）]：(确定"*B*"点)向右上方移动光标，自动在 30°线上出现一条点状射线，输入直线长度"60"，按<Enter>键确定后画出直线 *AB*，如图 5-8b 所示。

LINE 指定下一点或[放弃（U）]：(确定"*C*"点)向右下方移动光标，自动在 330°线上出现一条点状射线，输入直线长度"50"，按<Enter>键确定后画出直线 *BC*，如图 5-8c 所示。

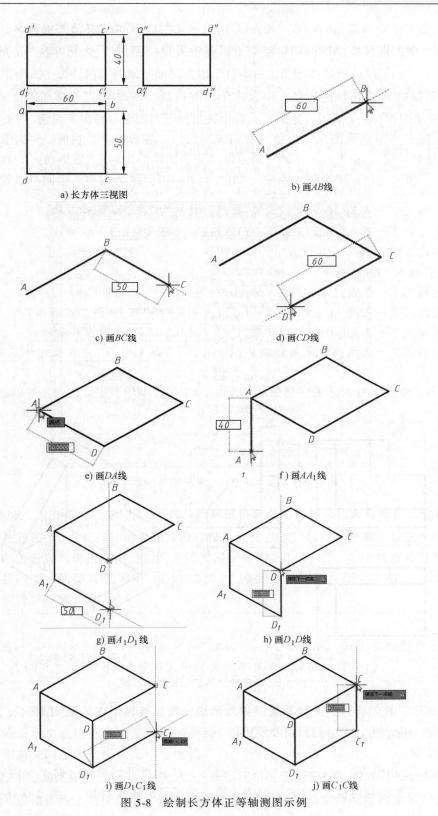

a) 长方体三视图

b) 画AB线

c) 画BC线

d) 画CD线

e) 画DA线

f) 画AA₁线

g) 画A₁D₁线

h) 画D₁D线

i) 画D₁C₁线

j) 画C₁C线

图 5-8　绘制长方体正等轴测图示例

LINE 指定下一点或[闭合(C)/放弃(U)]:(确定"D"点)向左下方移动光标,自动在210°线上出现一条点状射线,输入直线长度"60",按<Enter>键确定后画出直线CD,如图 5-8d 所示。

LINE 指定下一点或[闭合(C)/放弃(U)]:(捕捉"A"点)向左上方移动光标,自动在150°线上出现一条点状射线,捕捉"A"点,画出直线DA,如图 5-8e 所示。

② 画长方体的左面（AA_1D_1D）。

继续上一个命令,由"A"点连续画图,方法同上。

LINE 指定下一点或[闭合(C)/放弃(U)]:(确定"A_1"点,如图 5-8f 所示)

LINE 指定下一点或[闭合(C)/放弃(U)]:(确定"D_1"点,如图 5-8g 所示)

LINE 指定下一点或[闭合(C)/放弃(U)]:(捕捉"D"点,如图 5-8h 所示)

LINE 指定下一点或[闭合(C)/放弃(U)]:↙ （结束命令）

③ 画长方体的前面（DD_1C_1C）。

命令:(输入"直线"命令)

LINE 指定第一个点:(单击确定起点"D_1")

LINE 指定下一点或[闭合(C)/放弃(U)]:(确定"C_1"点,如图 5-8i 所示)

LINE 指定下一点或[闭合(C)/放弃(U)]:(捕捉"C"点,如图 5-8j 所示)

LINE 指定下一点或[闭合(C)/放弃(U)]:↙ （结束命令,完成长方体正等轴测图的绘制）

例 5-5 按图 5-9a 所示的三视图尺寸,以 1:1 的比例绘制组合体的正等轴测图。

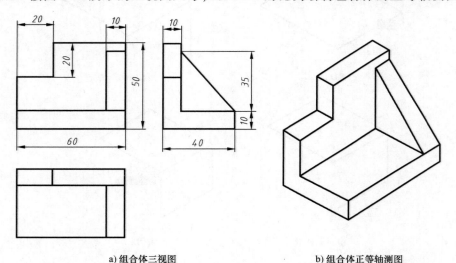

a) 组合体三视图   b) 组合体正等轴测图

图 5-9　绘制组合体正等轴测图示例

分析图形:该组合体由叠加与切割方法形成,按照机械制图的绘图方法,先绘制角形板,再叠加三角形板,最后切割正方形块。

绘图步骤:

1) 调用"粗实线"层,输入"直线"命令,从 A 点开始画图,向上导向输入"50",画出 B 点;向330°导向输入"10",画出 C 点;向下导向输入"40",画出 D 点;向330°导向输入"30",画出 E 点;向下导向输入"10",画出 F 点;单击"闭合(C)"选项封闭,如图 5-10a 所示。

2)输入"直线"命令,从 B 点开始画图,按极轴导向30°输入"60",画出 b 点;向330°导向输入"10",画出 c 点;向210°导向捕捉 C 点,完成立板顶面。同理,输入"直线"命令,利用捕捉和导向功能,依次画出 d、e、f 各点、线,完成如图 5-10b 所示。

3)输入"直线"命令,从 e 点(只捕捉不单击)导向210°输入"10",画出 G 点;导向150°捕捉交点,定出 H 点;向上导向输入"35",定出 I 点,捕捉 G 点并单击,完成三角形 GHI。再输入"直线"命令,利用捕捉和导向功能,定出 Ii 线和 ie 线,如图 5-10c 所示。

4)用"修剪"命令和"删除"命令,完成图 5-10d 所示图形。

5)输入"直线"命令,捕捉 C 点(不单击),按极轴导向30°输入"20",画出 J 点;向下导向输入"20",画出 K 点;向210°导向捕捉交点,画出 L 点;向150°导向并捕捉交点,定出 M 点;向30°导向输入"20",画出 k 点;向上导向输入"20",画出 j 点;向30°导向捕捉 J 点;再输入"直线"命令,捕捉 K 点和 k 点,画出直线 Kk,画出正方形切割体,如图 5-10e 所示。

6)用"修剪"命令和"删除"命令,完成图 5-10f 所示图形。

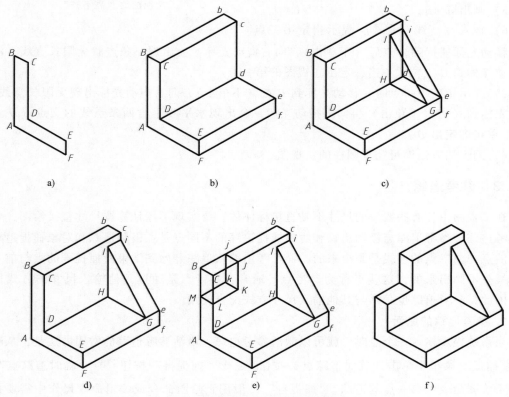

图 5-10 绘制组合体正等轴测图步骤

5.2.2 对象追踪

对象追踪是指在绘图过程中,用来捕捉通过某延长线上的任意点的功能。在绘图过程中，光标在某点停留片刻，沿水平或垂直方向即可追踪出一条方向线，可在其线上确定任意点。用对象追踪方式可方便地绘制三视图，保证"长对正、高平齐、宽相等"的对应关系。

1. 对象追踪的设置

在图5-7所示"极轴追踪"选项卡中的"对象捕捉追踪设置"选项组，选中"仅正交追踪（L）"选项。

2. 启用对象追踪方式

单击状态栏上的"对象捕捉追踪"按钮 ![btn]，使之处于选中状态。

例5-6 绘制图5-11所示圆柱主、左视图的高平齐关系。

绘图步骤：

1）设置固定对象捕捉为"象限点""交点""端点"等。

2）在"极轴追踪"选项卡中选中"仅正交追踪（L）"选项。

3）打开"对象捕捉"模式。

4）打开"对象捕捉追踪"模式。

5）画出圆AB。

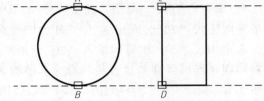

图5-11　用"对象捕捉追踪"画主、左视图的"高平齐"

6）输入"直线"命令，提示指定第一点时，移动光标捕捉到A点后（不单击），向右拖动光标，会出现一条点状无限长直线，沿点线移动光标到C点位置单击，定出左视图的第一点。

7）提示指定下一点时，移动光标到B点（不单击），向右拖动光标出现无限长点线后，移动光标到C点（不单击）再向下拖动光标，会出现水平和垂直两条点线的交点（D点亮显），单击即定出D点。

8）用上述方法即可完成圆柱的左视图。

5.2.3　参考追踪

在工程图中，有些线段的尺寸不是直接标注的，要实现不经计算按尺寸直接绘图，可应用参考追踪。参考追踪与极轴追踪和对象捕捉追踪的不同点是：极轴追踪和对象捕捉追踪所捕捉的点与前一点的连线是画出来的，而参考追踪从追踪开始到结束所捕捉到的点与前一点的连线是不画出来的，这些点称为参考点。通常，参考点是通过其他输入尺寸的方式得到的，因此，参考追踪也必须与其他输入尺寸方式配合使用。

1. 参考追踪的激活

当系统提示输入一个点时，就可以激活参考追踪。激活参考追踪的常用方法是，从临时"对象捕捉"菜单中单击"临时追踪点"按钮 ![btn] 或"捕捉自"按钮 ![btn]。"临时追踪点"一般用于绘图命令中第一点的追踪，"捕捉自"一般用于绘图命令或编辑命令操作中需要指定参考点的情况。

2. 参考追踪的应用

例5-7 用参考追踪方式画图5-12a所示矩形ABCD。

方法一：用"捕捉自"方式绘图，如图5-12b所示。

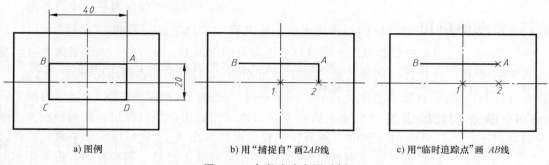

a) 图例　　　　　　　b) 用"捕捉自"画2*AB*线　　　　　　c) 用"临时追踪点"画 *AB*线

图 5-12　参考追踪应用示例

绘图步骤：

命令：L↙

LINE 指定第一个点：（单击"捕捉自"按钮 ）

LINE 指定第一点：_from 基点（捕捉单击"1"点）（以该点为参考点）

LINE 指定第一点：_from 基点<偏移>（光标拖动由"1"点向右导向，输入"20"，确定"2"点）（画线的起始点）

LINE 指定下一点或 [放弃（U）]：（光标拖动由"2"点向上导向，输入"10"）（画"2A"线段）

LINE 指定下一点或 [放弃（U）]：（光标拖动由"A"点向左导向，输入"40"）（画"AB"线段）

LINE 指定下一点或 [闭合（C）/放弃（U）]：（光标拖动由"B"点向下导向，输入"20"）

LINE 指定下一点或 [闭合（C）/放弃（U）]：（光标拖动向右导向，输入"40"）

LINE 指定下一点或 [闭合（C）/放弃（U）]：（光标拖动向上捕捉"2"点）

LINE 指定下一点或 [闭合（C）/放弃（U）]：↙

方法二：用"临时追踪点"方式绘图，如图 5-12c 所示。

绘图步骤：

命令：L↙

LINE 指定第一个点：（单击"临时追踪点"按钮 ）

LINE 指定第一点：（捕捉单击"1"点）（以该点为参考点）

LINE 指定第一点：（再单击"临时追踪点"按钮 ）

LINE 指定下一点：_tt 指定临时对象追踪点：（光标拖动由"1"点向右导向，输入"20"↙）（追踪到"2"点）

LINE 指定下一点：（光标拖动由"2"点向上导向，输入"10"）（定出"A"点）

LINE 指定下一点或 [闭合（C）/放弃（U）]：（光标拖动由"A"点向左导向，输入"40"）（画出"AB"线段）

LINE 指定下一点或 [闭合（C）/放弃（U）]：（光标拖动向下导向，输入"20"）

LINE 指定下一点或 [闭合（C）/放弃（U）]：（光标拖动向右导向，输入"40"）

LINE 指定下一点或 [闭合（C）/放弃（U）]：（光标拖动向上捕捉"A"点）

LINE 指定下一点或 [闭合（C）/放弃（U）]：↙

5.3　夹点的应用

夹点功能是用与传统 AutoCAD 修改命令完全不同的方式来快速完成在绘图中常用的"拉伸""移动""旋转""缩放""镜像"等命令的操作。

5.3.1　夹点功能的设置

在无命令状态下选择实体时，一些彩色小方框出现在实体的特征点上，这些小方框就称为实体的夹点，如图 5-13 所示。

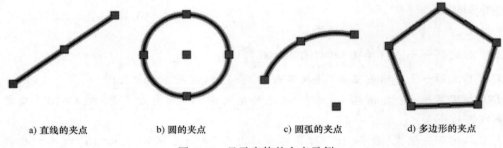

a) 直线的夹点　　　　b) 圆的夹点　　　　c) 圆弧的夹点　　　　d) 多边形的夹点

图 5-13　显示实体的夹点示例

通过"选项"对话框中"选择集"选项卡可进行夹点功能的相关设置。

单击用户操作界面左上角"菜单浏览器"按钮 ，从弹出的下拉菜单中单击"选项"命令，系统弹出"选项"对话框，然后单击"选择集"选项卡，显示内容如图 5-14 所示。

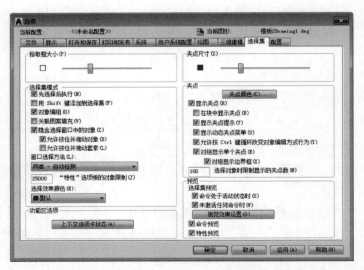

图 5-14　"选项"对话框中的"选择集"选项卡

该对话框右侧是设置夹点功能的相关选项，其主要选项的含义如下：

1)"夹点尺寸（Z）"滑块：用来改变夹点方框的大小。当移动滑块时，左边的小图标会显示当前夹点方框的大小。

2）"夹点颜色（C）"按钮：单击它可弹出"夹点颜色"对话框，如图 5-15 所示。可用来改变"未选中夹点颜色（U）""悬停夹点颜色（R）""选中夹点颜色（C）"和"夹点轮廓颜色（P）"。

3）"显示夹点（R）"复选按钮：控制夹点的显示。若选中此复选按钮，则显示夹点，即打开夹点功能，其一般为选中状态。

4）"在块中显示夹点（B）"复选按钮：控制图块中实体上夹点的显示。若选中此复选按钮，则显示图块中所有的夹点；若不选中此复选按钮，则只显示图块插入点上的夹点，其一般为未选中状态。

图 5-15 "夹点颜色"对话框

5）"显示夹点提示（T）"复选按钮：控制使用夹点时相应文字提示行的打开与关闭，其一般为选中状态。

要取消实体上显示的夹点，可以连续按两次<Esc>键，也可以在工具栏上单击其他命令使其消失。

5.3.2 夹点的应用方法

例5-8 用"夹点"编辑方法将图 5-16a 所示左上角的圆移动到右下角位置，如图 5-16c 所示。

绘图步骤：

1）直接单击圆使其用"夹点"夹住，如图 5-16b 所示。

2）单击圆心"夹点"，移动并捕捉右下角点单击，移动完成，如图 5-16c 所示。

3）按<Esc>键退出。

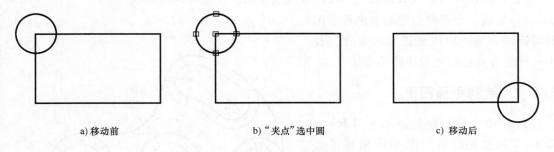

a）移动前   b）"夹点"选中圆   c）移动后

图 5-16 用"夹点"移动图形对象示例

例 5-9 用"夹点"拉伸直线段，将图 5-17a 所示修改为如图 5-17c 所示。

绘图步骤：

1）单击直线，"夹点"选中直线，如图 5-17b 所示。

2）单击直线端点"1"，将其拖到"2"位置再单击，如图 5-17c 所示。

3）按<Esc>键退出。

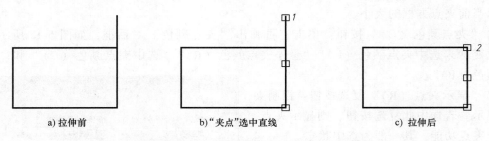

a) 拉伸前　　　　　　　　b)"夹点"选中直线　　　　　　　c) 拉伸后

图 5-17　"夹点"编辑方法拉伸直线

> **提示：**
> ※ "夹点"的应用非常灵活，"夹点"选择对象必须在无命令状态下进行。例如，"夹点"方式选择某对象后，可以按<Delete>键直接删除所选对象。
> ※ 用 "夹点"选择对象时，可以单个选取，也可以用窗口选取。
> ※ 用 "夹点"选中 "文字"，可以进行文字编辑。

5.4　快速绘图

快速绘图与精确绘图是绘图工程技术人员必须掌握的技能。要做到快速绘图与精确绘图，首先要对所绘制图形进行线段和尺寸分析，然后分析绘图时要用的基本绘图命令和修改命令。此外，还必须熟练运用本章所学的对象捕捉、极轴追踪、对象追踪、参考追踪等知识。

初学者在绘图时应该注意以下几方面的问题：

1）所画的图线应避免 "线压线"。

2）一条连续的直线或曲线，不应由几段线组成，以免修改时麻烦。

3）完成一个图形的绘制有多种绘图和编辑的方法，应该通过练习对比，找出一种适合自己的比较简捷的方法。

5.4.1　绘制平面图形

例 5-10　按所给图形的标注尺寸，以 1∶1 的比例绘制如图 5-18 所示平面图形，不标注尺寸。

绘图准备：

1）设置图层：粗实线、细实线、点画线。

2）设置极轴角为 15°（因为 30°、45°和 90°是 15°的倍数角）。

3）设置对象追踪为 "用所有极轴

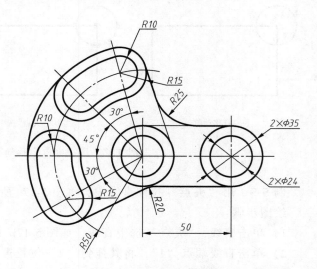

图 5-18　绘制平面图形

角设置追踪"。

4）打开状态栏中的"极轴追踪""对象捕捉"和"对象捕捉追踪"模式开关。

5）分析图形，确定绘图方法和步骤。

绘图步骤：

1）调用"点画线"层，用"直线"和"圆"命令画所有点画线，确定各圆和圆弧的中心，如图 5-19a 所示。

2）调用"粗实线"层，用"圆"命令绘制一个 $R15mm$ 的圆，用"复制"命令复制出另外三个圆（也可以分别绘制 4 个圆）。绘制 $\phi35mm$ 和 $\phi24mm$ 同心圆，用"复制"命令作另一个同心圆，如图 5-19b 所示。

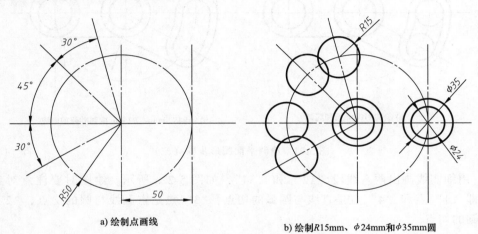

a) 绘制点画线   b) 绘制 $R15mm$、$\phi24mm$ 和 $\phi35mm$ 圆

图 5-19 绘制平面图形步骤（一）

3）用"圆弧"命令（圆心、半径方式）绘制圆弧"12"、圆弧"34"和圆弧"56"，用"直线"命令绘制线段"ab"和"cd"，如图 5-20a 所示。

4）用"修剪"命令以"12""34""56"为修剪边界，删除 4 段小圆弧，如图 5-20b 所示。

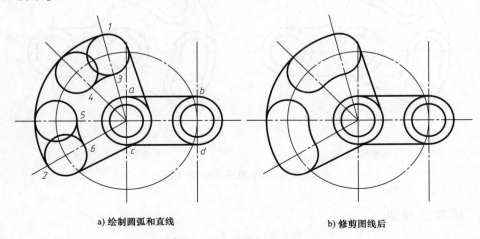

a) 绘制圆弧和直线   b) 修剪图线后

图 5-20 绘制平面图形步骤（二）

5）用"圆"和"圆弧"命令作 R10mm 圆和圆弧，方法同图 5-19b，效果如图 5-21a 所示。

6）用"修剪"命令完成 R15mm 圆弧处的修改，方法同图 5-20b；用"圆角"命令（"修剪"模式）绘制 R20mm 和 R25mm 圆弧，效果如图 5-21b 所示。

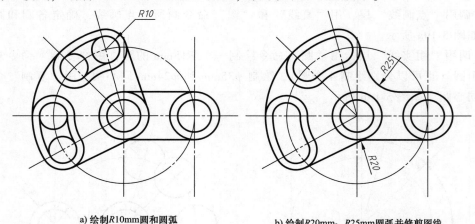

a) 绘制R10mm圆和圆弧   b) 绘制R20mm、R25mm圆弧并修剪图线

图 5-21　绘制平面图形步骤（三）

7）用细实线画出两直线段"12"和"34"，如图 5-22a 所示。绘图时要注意对象捕捉提示，即"1"点和"4"点是直线与圆弧的切点，"3"点是点画线与圆的交点，"2"点是直线与圆的切点。

8）整理图线，用"打断"命令将点画线圆修改成圆弧，即以目测的方式沿逆时针方向打断圆弧。用"夹点"操作将点画线拉伸到合适位置（机械制图国家标准规定，点画线应超出轮廓 3~5mm），如图 5-22b 所示。

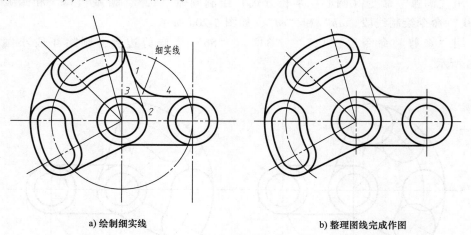

a) 绘制细实线   b) 整理图线完成作图

图 5-22　绘制平面图形步骤（四）

5.4.2　绘制三视图

绘制工程图的基础是绘制三视图，绘制三视图通常要三个视图结合起来画，先画已知尺

寸的视图,然后利用"对象捕捉"和"对象捕捉追踪"功能实现三视图"长对正、高平齐、宽相等"的画图规律,完成其他视图。

例 5-11 按标注尺寸以 1:1 的比例抄画如图 5-23 所示的组合体三视图,不标注尺寸。

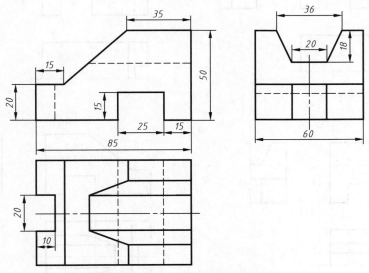

图 5-23 绘制组合体三视图示例

分析图形:

1)由组合体的三视图可知,该形体是由长方体切割而成的。三个视图之间要符合"长对正、高平齐、宽相等"的投影关系。因此,三个视图应同时绘制。

2)俯视图和左视图是对称图形,可以先画一半再用"镜像"命令完成另一半。

3)该视图中只有直线,因此,只用"直线"命令画图。

绘图步骤:

1)设置"粗实线""虚线""点画线"图层。

2)打开"极轴追踪""对象捕捉"和"对象追踪"模式开关。

3)调出"粗实线"层,按图中给定的尺寸直接画出主视图可见轮廓线;调出"点画线"层,画出俯、左视图的对称线;再次调出"粗实线"层,利用对象捕捉和对象追踪功能,按给定尺寸直接画出俯视图和左视图各半个视图的可见轮廓,如图 5-24a 所示。

4)调出"虚线"层,利用对象捕捉和对象追踪功能,按投影关系画出各视图中的虚线,如图 5-24b 所示。

5)再调出"粗实线"层,根据投影关系补画出俯视图中的投影,如图 5-24c 所示。

6)用"镜像"命令分别完成俯视图和左视图的另一半图形,如图 5-24d 所示。

例 5-12 按标注尺寸以 1:1 的比例绘制如图 5-25 所示的轴承座三视图(假设绘图环境已设置完毕)。

分析图形:

1)轴承座由底板、圆筒、支承板、凸台和肋板五个形体组合而成,可采用形体分析的方法完成三视图的绘制。

2)主、俯视图左右对称,可先画一半,再进行镜像。

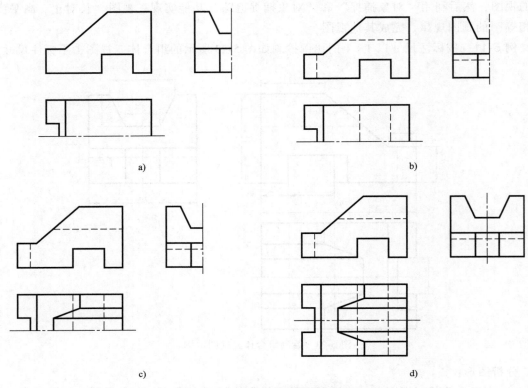

a)   b)

c)   d)

图 5-24   组合体三视图的画图步骤

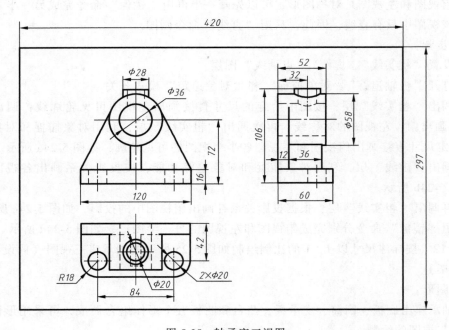

图 5-25   轴承座三视图

绘图步骤：

（1）打开模式开关　打开"对象捕捉""对象追踪"模式开关。

（2）画图纸边界线和基准线（图5-26）　调出"细实线"层，用"矩形"命令画图纸边框（420mm×297mm），用"构造线"命令画出五条三视图的基准线（目测先画两条铅垂线"A"和"B"，再画上面一条线"C"，然后将这条线向下偏移"72"作出"D"线，目测画"E"线），确定三视图的位置。

> 提示：
> ※ 三视图的位置基准线不要求太准确，在画图过程中如果不合适，可以用"移动"命令来调整。

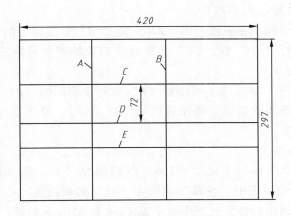

图5-26　画轴承座的基准线

（3）画圆筒　调出"粗实线"层，先用"圆"命令画主视图中两同心圆 ϕ58mm 和 ϕ36mm，然后用"直线"命令利用"对象捕捉追踪"和"极轴追踪"画出圆筒的俯视图和左视图，调出"虚线"层，画出圆筒孔的俯视图和左视图，将图形的对称中心线换成点画线，如图5-27所示。

> 提示：
> ※ 俯视图和左视图中的虚线也可以先画成粗实线，再换成虚线。

（4）画底板（图5-28）

1）画底板外轮廓：调出"粗实线"层，用"直线"命令画底板外轮廓的主、俯视图（因为图形对称，所以只画一半），然后画出左视图。

2）画底板上圆孔和圆角：用"偏移"命令完成底板孔的定位基准线"A""B""C"，用"圆"命令先画俯视图中 ϕ20mm 圆，用"圆角"命令画出圆角 R18mm，用"直线"命令画主视图中圆孔的轮廓虚线，用"复制"命令将这两条虚线复制到左视图中。

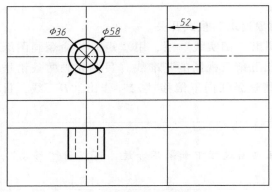

图 5-27 画圆筒的三视图

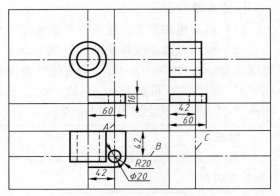

图 5-28 画底板的三视图

（5）画支承板和肋板（图 5-29）

1）用"直线"命令画出主视图上的"AB"线，"B"点是圆上的切点。

2）画出俯视图上的"CD"线，"C"点要利用对象捕捉和对象追踪功能，与主视图的"B"点按投影关系确定。

3）画出左视图上的"EF"线，要注意"F"点与主视图的"B"点高平齐。

4）画肋板的主视图和俯视图，画左视图的"1"线时，要注意与主视图的"1"点高平齐。

（6）画凸台（图 5-30）

1）主、左视图中"偏移"出尺寸"106"的辅助线"A"，俯视图中"偏移"出尺寸"32"的辅助线"B"，左视图中"偏移"出尺寸"32"的辅助线"C"。

2）用"圆"命令画出凸台俯视图中两个 ϕ28mm 和 ϕ20mm 的圆，用"直线"命令画出凸台主视图和左视图的轮廓。

3）用"圆弧"命令画出凸台左视图相贯线，要注意三个"特殊点"的投影对应关系。用"修剪"命令将圆弧之间的实线和虚线删除。

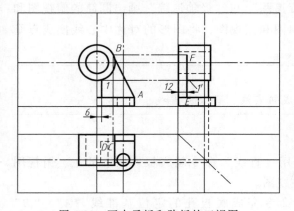

图 5-29 画支承板和肋板的三视图

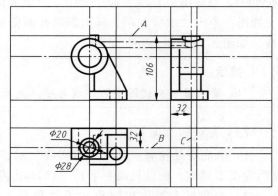

图 5-30 画凸台的三视图

（7）镜像主视图和俯视图（图 5-31） 用"镜像"命令完成主视图和俯视图的左半部分图形。

（8）整理图形（图 5-32）　关闭"对象捕捉"模式开关，用"打断"和"删除"命令删除多余图线。

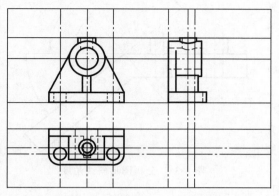

图 5-31　"镜像"主、俯视图

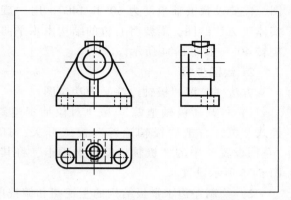

图 5-32　整理图形完成三视图的绘制

5.4.3　绘制斜视图

斜视图一般只表达机件倾斜部分的实形，绘制时可采用两种方法：一是将极轴角度设置为斜视图倾斜的角度，直接画出倾斜图形；二是先将倾斜部分的图形画成正的，然后用"旋转"命令将该结构旋转为斜视图。

例 5-13　绘制如图 5-33 所示的斜视图。

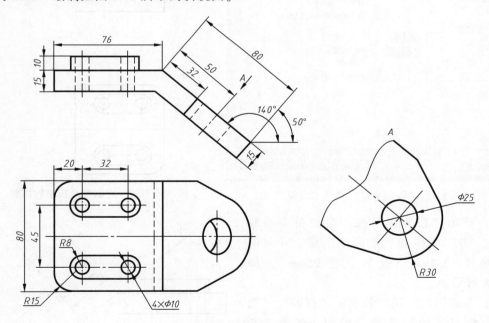

图 5-33　斜视图示例

1. 分析图形

1）该结构的弯板由左边水平部分和右边倾斜部分组成，其左边水平部分可以按主、俯视图"长对正"绘制；右边倾斜部分的俯视图不反映实形，要先把主视图画完再画俯视图。

2）根据图中所给的角度尺寸计算右边斜板由水平向下倾斜的角度。用"极轴追踪"方法绘图，需要设置极轴角度为50°和140°；用"旋转实体"方法绘图，需要将右边的结构由水平向下旋转40°，如图5-34所示。

2. 绘图步骤

方法一：用"极轴追踪"方法绘图。

1）打开"极轴追踪"和"对象捕捉追踪"模式开关，右击"极轴追踪"模式开关，打开"草图设置"中的"极轴追踪"选项卡，将其按图5-35所示设置。

2）绘制左边水平板结构的主视图和俯视图，如图5-36所示。

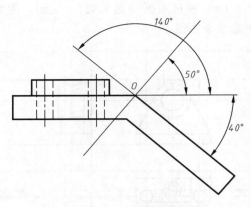

图 5-34 分析图形斜线角度

3）调用"细实线"层，用"构造线"以"O"点为基准，追踪画出"A""B"两条基准线；用"偏移"命令将"A"线按尺寸偏移出"C""D""E"三条线，如图5-37所示。

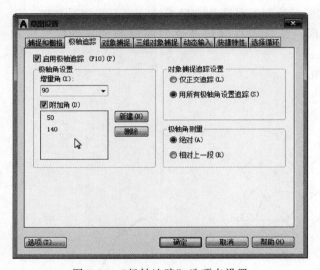

图 5-35 "极轴追踪"选项卡设置

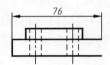

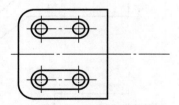

图 5-36 绘制水平板结构图例

4）调用"粗实线"层，绘制粗实线线框；将"D"线换成"点画线"层，并向两侧各偏移 12.5mm（孔的直径 25mm），如图 5-38 所示。

5）整理图线，用"修剪""打断""删除"命令完成倾斜部分的绘制，如图 5-39 所示。

方法二：用"旋转实体"方法绘图。

1）画左边水平板结构的主视图和俯视图，如图 5-40a 所示。

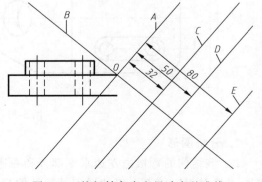

图 5-37 按极轴角度和尺寸定基准线

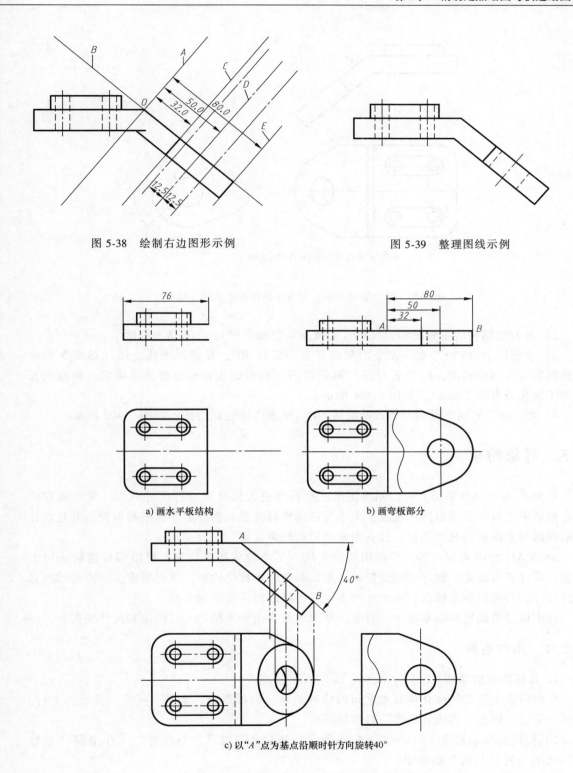

图 5-38 绘制右边图形示例　　　　　　　　图 5-39 整理图线示例

a) 画水平板结构　　　　　　　b) 画弯板部分

c) 以"A"点为基点沿顺时针方向旋转40°

图 5-40 用"旋转实体"方法作倾斜图形示例

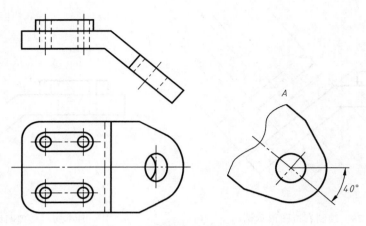

d)将"*A*"向视图沿顺时针方向旋转40°

图 5-40　用"旋转实体"方法作倾斜图形示例（续）

2）画右边结构的主视图和俯视图（先按水平位置绘制），如图 5-40b 所示。

3）主视图中以"*A*"点为基点沿顺时针方向旋转 40°，并整理图线。用"移动"命令将俯视图右边部分移出，按"长对正"画俯视图（椭圆的短轴按投影关系确定，椭圆的长轴等于圆孔的直径 25mm），如图 5-40c 所示。

4）将"*A*"向视图沿顺时针方向旋转 40°，整理图形完成绘图，如图 5-40d 所示。

5.5　对象约束

早期的 AutoCAD 系统是先绘制出图形，然后通过人机交互进行尺寸标注，设计者在绘图之前必须先对产品的形状、位置、大小等各属性有完整的构思后才能进行设计，并且设计出的图形只有图素的几何信息，没有图素之间的约束关系。

AutoCAD 2019 在原有的二维绘图功能上加入了参数化约束功能，可以很好地解决以上问题，设计者可以先绘制好大概的形状，添加必要的参数化约束，然后根据实际需要添加必要的尺寸，并进行动态修改。由于有约束关系，修改将变得更加方便。

约束可以精确地控制草图中的对象。草图约束有两种类型：几何约束和尺寸约束。

5.5.1　几何约束

1. 几何约束的功能

几何约束主要是约束几何对象之间的位置关系，包括重合、水平、竖直、垂直、平行、相切、平滑、同心、共线、相等、对称和固定。

"几何约束"面板及工具栏如图 5-41 所示，其在"二维草图与注释"工作空间"参数化"选项卡的"几何"面板中。

在功能区单击"参数"→"几何约束（G）"，如图 5-42 所示。

几何约束选项的功能见表 5-1。

图 5-41　"几何约束"面板及工具栏

图 5-42　"几何约束"命令

表 5-1　几何约束选项的功能

约束模式	功　　能
重合	约束两个点使其重合,或约束一个点使其位于曲线(或曲线的延长线)上。可以使对象上的约束点与某个对象重合,也可以使其与另一对象上的约束点重合
共线	使两条或多条直线段沿同一直线方向,并使它们共线
同心	将两个圆弧、圆或椭圆约束到同一个中心点,结果与将重合约束应用于曲线的中心点所产生的效果相同
固定	将几何约束应用于一对对象时,选择对象的顺序以及选择每个对象的点可能会影响对象彼此间的放置方式
平行	使选定的直线位于彼此平行的位置,平行约束在两个对象之间应用
垂直	使选定的直线位于彼此垂直的位置,垂直约束在两个对象之间应用
水平	使直线或点位于与当前坐标系 X 轴平行的位置,默认选择类型为对象
竖直	使直线或点位于与当前坐标系 Y 轴平行的位置,默认选择类型为对象
相切	将两条曲线约束为保持彼此相切或其延长线保持彼此相切,相切约束在两个对象之间应用
平滑	将样条曲线约束为连续,并与其他样条曲线、直线、圆弧或多段线保持连续性
对称	使选定对象受对称约束,相对于选定直线对称
相等	将选定圆弧和圆的尺寸重新调整为半径相同,或将选定直线的尺寸重新调整为长度相同

2. 设置几何约束

在利用 AutoCAD 绘图时，利用"约束设置"对话框，可以控制约束栏上显示或隐藏的几种类型，如图 5-43 所示。

在功能区单击"参数化"工具栏中的"几何约束"按钮 ，系统打开"约束设置"对话框。该对话框中各选项的功能如下。

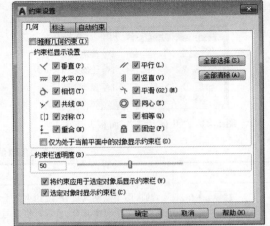

图 5-43　"约束设置"对话框

（1）"约束栏显示设置"选项组　此选项组控制图形编辑器中是否为对象显示约束栏或约束点标记。例如，可以为水平约束和竖直约束隐藏约束栏的显示。

（2）"全部选择（S）"按钮　选择全部几何约束类型。

（3）"全部清除（A）"按钮　清除所有选定的几何约束类型。

（4）"仅为处于当前平面中的对象显示约束栏（O）"复选按钮　仅为处于当前平面上受几何约束的对象显示约束栏。

（5）"约束栏透明度（B）"选项组　设置图形中的约束栏的透明度。

（6）"将约束应用于选定对象后显示约束栏（W）"复选按钮　手动应用约束或使用"AUTOCONSTRAIN"命令时，显示相关约束栏。

例 5-14　用"约束"命令控制圆 1 与圆 2 同心，其他圆分别相切，如图 5-44 所示。

绘图步骤：

1）以适当半径绘制四个圆，圆 1、2、3、4，如图 5-45a 所示。

2）利用"相切"命令使圆 2 和圆 3 相切，如图 5-45b 所示。

3）利用"同心"命令使圆 1 与圆 2 同心，如图 5-45c 所示。

4）利用"相切"命令使圆 4 和圆 2 相切，如图 5-45d 所示。

5）分别利用"相切"命令使圆 3 和圆 1 相切，圆 4 与圆 1 相切，如图 5-45e 所示。

6）利用"相切"命令使圆 4 和圆 3 相切，如图 5-45f 所示。

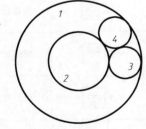

图 5-44　用"约束"命令控制圆与圆相切

5.5.2　尺寸约束

1. 建立尺寸约束

建立尺寸约束可以限制图线几何对象的大小，即与在草图上标注尺寸相似。同样设置尺寸标注线，与此同时建立相应的表达式，不同的是可以在后续的编辑工作中实现尺寸的参数化驱动。"标注约束"面板及工具栏如图 5-46 所示，其在"二维草图与注释"工作空间"参数化"选项卡的"标注"面板中。

在生成尺寸约束时，用户可以选择草图曲线、边、基准平面或基准轴上的点，以生成水平、竖直、平行、垂直和角度尺寸。

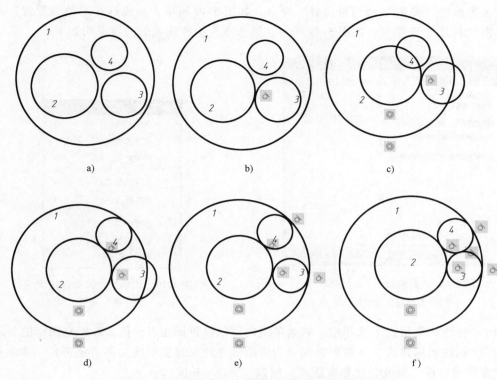

图 5-45 用"约束"命令控制圆与圆相切绘图步骤

生成尺寸约束时，系统会生成一个表达式，其名称和值显示在一个文本框中，如图 5-47 所示，用户可以在其中编辑该表达式的名称和值。

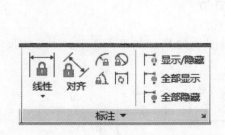

图 5-46 "标注约束"面板及工具栏

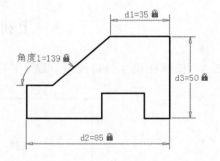

图 5-47 编辑尺寸约束示意图

生成尺寸约束时，只要选中了几何体，其尺寸及其延伸线和箭头就会全部显示出来。将尺寸拖拽到位，然后单击，就完成了尺寸约束的添加。完成此次约束后，用户还可以随时更改尺寸约束，只要在绘图区选中该值双击，就可以使用生成过程中所采用的方式，编辑其名称、值或位置。

2. 设置尺寸约束

绘图时，使用"约束设置"对话框中的"标注"选项卡，可以控制显示标注约束时的系统配置，标注约束控制设计的大小和比例，如图 5-48 所示。

单击菜单栏"参数"→"约束设置"命令，如图 5-49 所示。系统打开"约束设置"对话框，单击"标注"选项卡，如图 5-48 所示。该选项卡中各选项的内容说明如下。

图 5-48 "约束设置"对话框
中的"标注"选项卡

图 5-49 菜单栏"参数"→"约
束设置"命令

（1）"标注约束格式"选项组 该选项组内可以设置标注名称格式和锁定图标的显示。

（2）"标注名称格式"下拉列表框 为应用标注约束时显示的文字指定格式。将名称格式设置为显示名称、值或名称和表达式。例如，宽度＝长度/2。

（3）"为注释性约束显示锁定图标"复选按钮 针对已应用注释性约束的对象显示锁定图标。

（4）"为选定对象显示隐藏的动态约束"复选按钮 显示选定时已设置的动态约束。

上机练习与指导

5-1 按标注尺寸分析线段，以 1∶1 的比例绘制图 5-50 所示的平面图形，不标注尺寸。

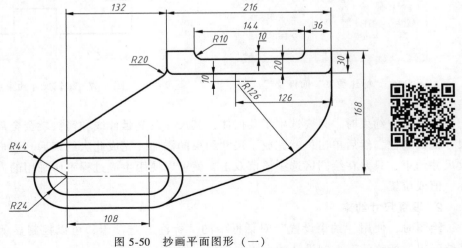

图 5-50 抄画平面图形（一）

5-2　按标注尺寸分析线段，以 1：1 的比例绘制图 5-51 所示的平面图形，不标注尺寸。

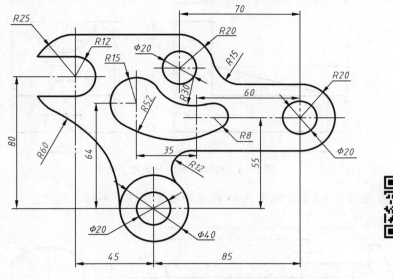

图 5-51　抄画平面图形（二）

5-3　按图 5-52 所注尺寸 1：1 抄画组合体三视图，不标注尺寸。

> **提示：**
> ※ 画左视图中 52°角斜线时，要设置极轴角度。
> ※ 画俯视图时，俯、左视图有投影关系对应的线时，可按机械制图方法绘制 45°辅助线来确定。

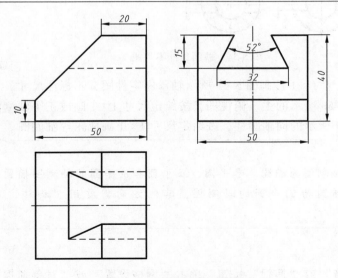

图 5-52　抄画组合体三视图

5-4　按图 5-53 所注尺寸 1：1 抄画主、左视图，补画俯视图，不标注尺寸。

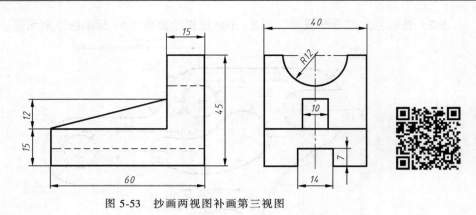

图 5-53　抄画两视图补画第三视图

5-5　按给定尺寸 1：1 抄画图 5-54 所示顶杆零件图，不标注尺寸。

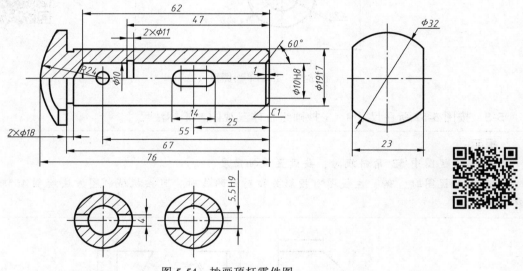

图 5-54　抄画顶杆零件图

5-6　按给定尺寸 1：1 抄画图 5-55 所示轴承座零件图，不标注尺寸。

5-7　根据图 5-56 所示的主、俯视图，按给定尺寸 1：1 画成正等轴测图。

5-8　将图 5-57 所示的同轴圆柱，按给定尺寸 1：1 画成正等轴测图。

提示：

　　※ 圆的正等轴测图为椭圆。水平圆、正平圆和侧平圆的轴测图椭圆长轴的方向不一样，默认状态的椭圆为侧平圆的轴测图，其他方向需要用"旋转"命令将其旋转 +60°或 −60°。

绘图步骤：

1）右击"栅格"或"捕捉"按钮，单击"网格设置"或"对象捕捉追踪设置"，打开"草图设置"对话框。在"捕捉和栅格"选项卡的"捕捉类型"选项组中选择"等轴测捕捉（M）"，单击"确定"按钮退出。

2）用"椭圆"命令画椭圆。

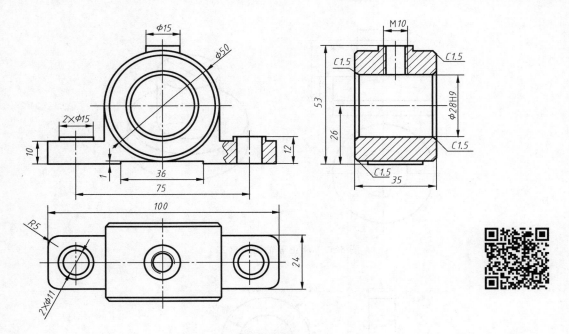

图 5-55　抄画轴承座零件图

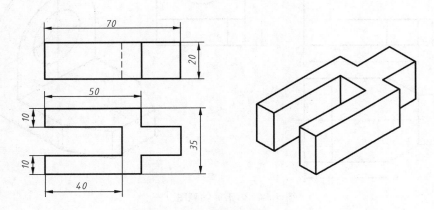

图 5-56　画正等轴测图（一）

> **提示：**
> ※ 指定椭圆轴的端点或［圆弧(A)/中心点(C)/等轴测圆(I)］时，输入"I"画轴测圆。

3）用"旋转"命令将轴测圆旋转60°，得到水平圆的轴测图。

4）用"复制"命令将轴测圆向下移30mm得到另一个轴测圆。

5）用"直线"命令画出两轴测圆的公切线，用"修剪"命令删除不可见轮廓，完成小圆柱的轴测图绘制。

6）大圆柱的轴测图绘制方法与小圆柱相同。

5-9　将图 5-58 所示的组合体三视图，按给定尺寸1∶1画成正等轴测图。

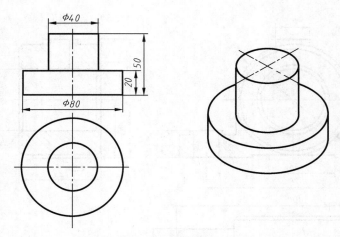

图 5-57　画正等轴测图（二）

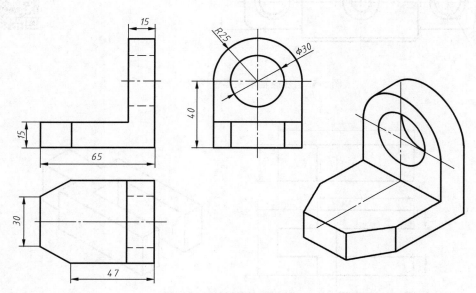

图 5-58．画正等轴测图（三）

第6章 文字与表格

6.1 文字

在绘制工程图时，经常要填写标题栏、明细栏、书写技术要求等汉字、字母和数字。本节将介绍文字样式的设置、文字注写和文字编辑。

6.1.1 文字样式的设置

所有 AutoCAD 图形中的文字都有与其对应的文字样式。当输入文字时，AutoCAD 使用当前设置的文字样式。文字样式是用来控制文字基本形状的一些要求。AutoCAD 2019 提供了"文字样式"对话框，通过该对话框可以方便直观地设置需要的文字样式或修改已有的文字样式。

系统默认的字体名为"txt. shx"，其不符合图样中规定的字体要求（国家标准规定图样中的字体使用长仿宋体），因此，在注写文字前要用"文字样式"命令创建"工程图中的汉字"和"工程图中的数字和字母"两种文字样式。

1. 输入命令的方式

1）在功能区单击"默认"选项卡"注释"面板中的"文字样式"按钮 A，（见图 6-1），打开"文字样式"对话框。

2）在功能区单击"注释"选项卡"文字"工具栏右下角的"文字样式"按钮 ▣（见

图 6-1 "默认"选项卡中打开"文字样式"对话框按钮

图 6-2），打开"文字样式"对话框。

图 6-2 "注释"选项卡中打开
"文字样式"对话框按钮

3）单击菜单栏"格式"→"文字样式"命令。

4）键盘键入：STYLE（ST）↙。

2. 命令的操作

输入"文字样式"命令后，系统打开"文字样式"对话框，如图 6-3 所示。

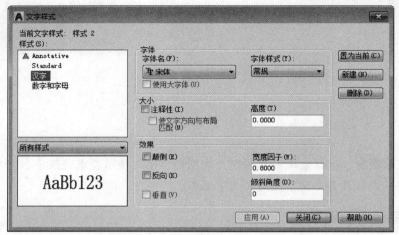

图 6-3 "文字样式"对话框

"文字样式"对话框中各项含义及设置方法如下：

（1）"样式（S）"区　该区上方为样式名列表框，默认状态显示该图形文件所有的文字样式名称。该区中间的下拉列表用于选择样式名列表框中需要显示的样式范围。该区下方为样式的预览框，显示所有选择文字样式的效果。

（2）三个按钮　在"文字样式"对话框右方有三个按钮，分别是"置为当前（C）"按钮、"新建（N）"按钮和"删除（D）"按钮。

"置为当前（C）"按钮 置为当前(C)：用于设置当前文字样式。从"样式"列表中选择一种样式，然后单击"置为当前"按钮，将该样式置为当前。

提示：

※ 置为当前文字样式常用的方法是，在"注释"工具栏的"文字样式"下拉列表中选择一个文字样式名，使其显示在工具栏的窗口上。

"新建（N）"按钮 新建(N)...：用于创建文字样式。单击"新建（N）"按钮，将弹出"新建文字样式"对话框，如图 6-4 所示。

在"样式名"文本框中输入新建文字样式名，如图 6-4 所示的新建样式名"汉字"（最多 31 个字母、数字或特殊字符），单击"确定"按钮，返回"文字样式"对话框。在其中进行相应的设置，然后单击"应用"按钮 应用(A)，退出该对话框，

图 6-4 "新建文字样式"对话框

所设置的新文字样式将被保存并且成为当前样式。

"删除（D）"按钮 删除(D)：用于删除文字样式（当前文字样式不能删除）。从"样式"列表中选择要删除的文字样式名称，然后单击"删除"按钮，该文字样式即被删除。

（3）"字体"区　该区中"字体名（F）"下拉列表用来设置文字样式中的字体。从下拉列表中选择一种所需要的字体即可。

> **提示：**
> ※ 汉字在"字体名（F）"下拉列表的最下面，通常选择"宋体"。

（4）"大小"区　该区中的"高度（T）"文本框是用来设置文字高度的。如果在此输入一个非零的数值，则系统将此值用于所设的文字样式，使用该样式注写文字时，文字的高度不能改变；如果设置"0"数值，字体高度可在注写文字命令中重新指定。

若选中该区的"注释性（I）"复选按钮，则用该样式所注写的文字将会成为注释性对象，应用注释性可方便地将不同比例视口中的注释性对象大小设为一致。若不在布局中打印图样，则注释性就无应用意义。

> **提示：**
> ※ 工程图中文字样式中的字体高度一般使用默认值"0.0000"。

（5）"效果"区　该区包括五个选项：

"宽度因子（W）"文本框：用于设置文字的宽度，是指文字宽度与文字高度的比值。如果因子值大于1，则文字变宽；如果因子值小于1，则文字变窄。通常长仿宋体的宽度因子设置为0.7或0.8。

"倾斜角度（O）"文本框：用于设置文字的倾斜角度。角度为"0"时，文字字头垂直向上；输入正值，字头向右倾斜；输入负值，字头向左倾斜。通常默认"0"值。

"颠倒（E）"复选按钮：用于控制文字字头是否反向放置。

"反向（K）"复选按钮：用于控制成行文字是否左右反向放置。

"垂直（V）"复选按钮：用于控制成行文字是否竖直排列（选择汉字时不可用，仅用于后缀为".shx"的部分字体）。

各项设置效果示例如图6-5所示。

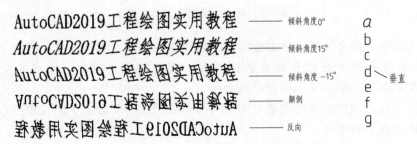

图6-5　各项设置效果示例

6.1.2 文字注写

文字注写方法有两种：单行文字和多行文字。

1. 单行文字注写

该命令以单行方式输入文字，每一行文字的位置可随时用光标确定，同一命令输入的每一行都是一个独立的实体，操作灵活、使用方便。

（1）输入命令的方式

1）单击"文字"工具栏中的"单行文字"按钮，如图6-6所示。

2）单击菜单栏"格式"→"文字"→"单行文字"命令。

3）键盘输入：TEXT↙。

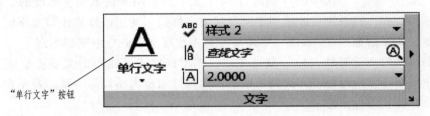

图6-6　"文字"工具栏中的"单行文字"按钮

（2）命令的操作（图6-7）

命令：(输入"单行文字"命令)

当前文字样式：汉字　文字高度：2.5000　注释性：否　对正：左(该行为信息行)

TEXT 指定文字起点或[对正(J)/样式(S)]：(单击指定该行文字的左下角点)

TEXT 指定高度<2.5000>：5(设置字高)↙

TEXT 指定文字的旋转角度<0>：(默认设置角度)↙

TEXT：(选择输入法输入文字，按<Enter>键换行，按<Ctrl+Enter>结束，退出命令)

图6-7　默认文字起点，字高为5

1）输入完第一处文字后，单击指定另一处文字的起点，再输入另一处文字。此操作重复进行，即能输入若干处相互独立的同字高、同旋转角、同文字样式的文字，直到按<Enter>键结束输入，再按<Enter>键结束命令。

2）在提示行"指定文字起点或［对正(J)/样式(S)］："输入J↙（也可以从右键菜单中选取），将出现下列提示：

TEXT 输入选项[左(L)/居中(C)/右(R)/对齐(A)/中间(M)/布满(F)/左上(TL)/中上(TC)/右上(TR)/左中(ML)/正中(MC)/右中(MR)/左下(BL)/中下(BC)/右下(BR)]：(选

择选项）

该提示行提供了 15 种模式（即文字的定位点），可以从中选择一种。本书选择了"居中""中间""左中""右下"模式，效果如图 6-8 所示（图中"×"代表所给的文字定点位置）。

几个常用"对正模式"如下：

①"对齐（A）"模式：指定文字底线的两点为文字的定位点，系统将根据输入文字的多少自动计算文字的高度与宽度，使文字恰好充满所指定的两点之间。

②"布满（F）"模式：底线与"对齐"模式相同，但是可以指定字高，系统只调整字宽，使文字扩展或压缩到指定的两点之间。

③"居中（C）"模式：指定文字块底线的中心为文字的定位点，系统由中心向两边确定文字的位置。

④"中间（M）"模式：指定文字块的中心点为定位点。

⑤"右下（BR）"模式：指定文字块的右下角点为定位点，即文字的结束点为右下角点。

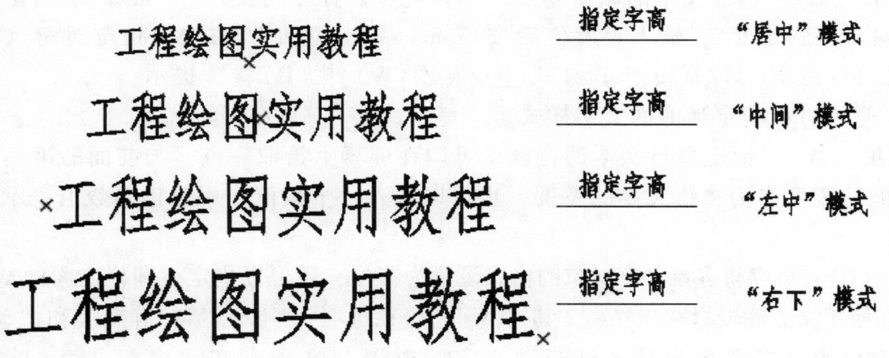

工程绘图实用教程   指定字高   "居中"模式

工程绘图实用教程   指定字高   "中间"模式

×工程绘图实用教程   指定字高   "左中"模式

工程绘图实用教程×   指定字高   "右下"模式

图 6-8 单行文字的"对正模式"示例

2. 多行文字注写

"多行文字"命令主要注写以段落的方式输入的文字，具有控制所注写文字的字符格式及段落的文字特性功能，可以用于输入文字、分式、上下角标等，还可以改变字体大小。

（1）输入命令的方式

1）单击"文字"工具栏中的"多行文字"按钮，如图 6-9 所示。

2）单击菜单栏"绘图"→"文字"→"多行文字"命令。

3）键盘输入：MTEXT↙。

（2）命令的操作

命令：（输入"多行文字"命令）

当前文字样式："汉字"文字高度：5 注释性：否（该行为信息行）

MTEXT 指定第一角点：（根据注写文字的位置，用

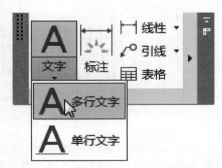

图 6-9 "文字"工具栏中的"多行文字"按钮

窗口方式指定第一个角点)

MTEXT 指定对角点或 [高度(H)/对正(J)/行距(L)/旋转(R)/样式(S)/宽度(W)/栏(C)]:(指定窗口的第二个角点或选项)

命令行中各选项的说明:

① 高度 (H):确定所标注文本的字体高度。

② 对正 (J):确定所标注文本的对齐方式。其对齐方式与 "单行文字" 的各对齐方式相同,此处不再赘述。选择一种对齐方式后按<Enter>键,AutoCAD 回到上一级提示。

③ 行距 (L):确定多行文本的行间距,这里所说的行间距是指相邻两文本行基线之间的垂直距离。选择此选项,命令行提示。"输入行距类型 [至少(A)/精确(E)]<至少(A)>:",其有两种确定行间距的方式:"至少 (A)" 方式和 "精确 (E)" 方式。"至少 (A)" 方式下,AutoCAD 根据每行文本中最大的字符自动调整行间距。"精确 (E)" 方式下,AutoCAD 给多行文本赋予一个固定的行间距,可以直接输入一个确切的间距值,也可以输入 "nx" 的形式,其中 "n" 是一个具体的数值,表示行间距设置为单行文本高度的 n 倍,而单行文本高度是本行文本字符高度的 1.66 倍。

④ 旋转 (R):确定文本的倾斜角度。选择此项,命令行提示。"MTEXT 指定旋转角度<0>:"(输入倾斜角度),输入角度值后按<Enter>键,返回 "MTEXT 指定对角点或 [高度(H)/对正(J)/行距(L)/旋转(R)/样式(S)/宽度(W)/栏(C)]:" 提示。

⑤ 样式 (S):确定当前的文字样式。

⑥ 宽度 (W):指定多行文本的宽度。可以在屏幕上拾取一点,与前面的第一个角点组成的矩形框的宽度作为多行文本的宽度,也可以输入一个数值,用此精确数值表示多行文本的宽度。

⑦ 栏 (C):可以将多行文字对象的格式设置为多栏,还可以指定栏和栏之间的宽度、高度及栏数,并使用夹点编辑栏宽和栏高。其提供了三个栏选项:"不分栏" "静态" 和 "动态"。

指定窗口的第二个角点后,打开 "文字编辑器" 选项卡和 "多行文字编辑器",如图 6-10 所示。

图 6-10 "文字编辑器" 选项卡和 "多行文字编辑器"

文字编辑器与 Microsoft Word 编辑器界面相似,事实上该编辑器与 Word 编辑器在某些功能上趋于一致。这样既增加了多行文字的编辑功能,又能让用户在使用时感到更加熟悉和方便。"文字编辑器" 选项卡由 "样式" "格式" "段落" 和 "插入" 等几部分组成,其各部分的功能如下。

1）"样式"部分：显示当前文字的样式及字高等。

"文字高度"下拉列表框：用于确定文本的字符高度，可以在文本编辑器中设置输入新的字符高度，也可以从此下拉列表框中选择已设定的高度值。

2）"格式"部分：可以设置和修改文字特性。

"粗体"按钮 **B** 和"斜体"按钮 *I*：用于设置粗体或斜体效果，但这两个按钮只对"Truetype"字体有效。

"删除线"按钮：用于在文字上添加水平删除线。

"下画线"按钮 U 和"上画线"按钮 Ō：用于设置或取消文字的上、下画线。

"堆叠"按钮：用于堆叠所选的文本文字，也就是创建分数形式。当文本中某处出现"/""^"或"#"三种堆叠符号之一时，选中需堆叠的文字，才可堆叠文本，两者缺一不可。堆叠时符号左边的文字作为分子，右边的文字作为分母。

AutoCAD 提供了三种分数形式。

① 如果选中"1/4"后单击"堆叠"按钮，得到如图 6-11a 所示的分数形式。

② 如果选中"1^4"后单击"堆叠"按钮，得到如图 6-11b 所示的分数形式。

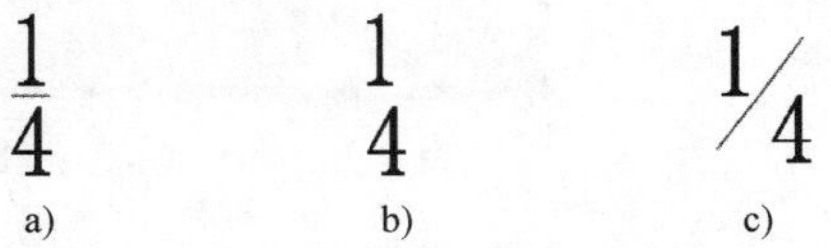

③ 如果选中"1#4"后单击"堆叠"按钮，得到如图 6-11c 所示的分数形式。

$$\frac{1}{4} \qquad \frac{1}{4} \qquad {}^1\!/_4$$
a)　　　　　b)　　　　　c)

图 6-11　三种堆叠形式

提示：

※ 如果选中已经堆叠的文本对象后单击"堆叠"按钮，则恢复到非堆叠形式。

3）"段落"部分：可以设置文字的不同段落。

4）"插入"部分：可以在文字书写中插入符号等内容。

"符号"按钮 @：用于输入各种符号。单击此按钮，系统将打开符号列表，如图 6-12 所示，可以从中选择符号输入到文本中。

"字段"按钮：用于插入一些常用或预设字段。单击此按钮，系统将打开"字段"对话框，如图 6-13 所示。用户可以从中选择字段，插入到标注文本中。

提示：

※ 在图 6-10 所示的"多行文字编辑器"中输入"机械制图"，输入第一行后按<Enter>键即可继续输入第二行。

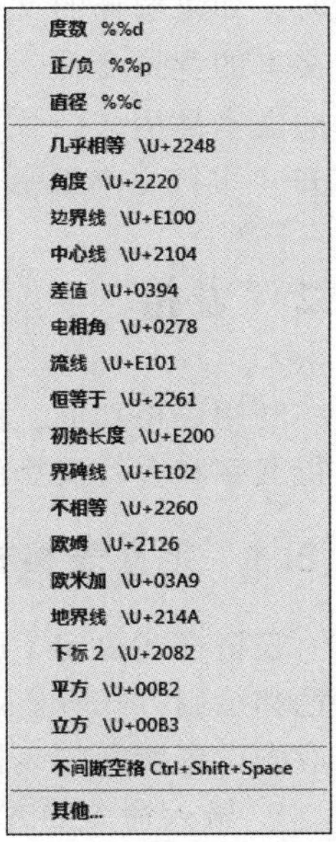

度数	%%d
正/负	%%p
直径	%%c
几乎相等	\U+2248
角度	\U+2220
边界线	\U+E100
中心线	\U+2104
差值	\U+0394
电相角	\U+0278
流线	\U+E101
恒等于	\U+2261
初始长度	\U+E200
界碑线	\U+E102
不相等	\U+2260
欧姆	\U+2126
欧米加	\U+03A9
地界线	\U+214A
下标2	\U+2082
平方	\U+00B2
立方	\U+00B3
不间断空格 Ctrl+Shift+Space	
其他...	

图 6-12　符号列表

6.1.3　文本编辑

对已经注写的文字，可以用"编辑"命令进行修改编辑。

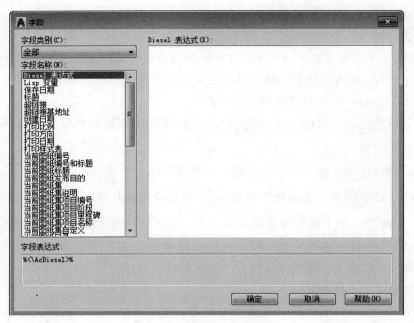

图 6-13 "字段"对话框

1. 输入命令的方式

1）单击菜单栏"修改"→"对象"→"文字"→"编辑"按钮 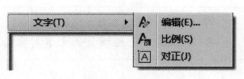 如图 6-14 所示。

2）键盘输入：TEXTEDIT（DDEDIT）↙。

2. 命令的操作

输入"编辑"命令，根据提示选择需要输入的文本，同时光标变为拾取框。用拾取框选择对象时，如果选择的文本是用单行文字创建的，则该文本的背景变深，可以对其进行修改；如果选择的文本是用多行文字创建的，则在选择对象后

图 6-14 "文字"→"编辑"按钮

打开"多行文字编辑器"（图 6-10），可根据前面介绍的各项来设置或对内容进行修改。

6.2 表格

利用表格功能，用户可以直接创建出所需的表格样式，设置表格的行数和列数，可以用单行文字和多行文字注写文字，还可以进行公式运算等操作。

6.2.1 定义表格样式

表格样式决定了所绘表格中的文字字型、大小、对正方式、颜色以及表格线型的线宽、颜色和绘制方式等。可使用默认的"Standard"表格样式，若默认表格样式不是所需要的，则应先设置所需的表格样式。

1. 输入命令的方式

1）在功能区单击"注释"选项卡"表格"面板中的"启动器"按钮 ，如图 6-15 所示。

2）在功能区单击"默认"选项卡"注释"面板中的"表格样式"按钮，如图 6-16 所示。

3）单击菜单栏"格式"→"表格样式"命令。

4）键盘输入：TABLESTYLE ↙。

图 6-15　"表格"面板中的"启动器"按钮

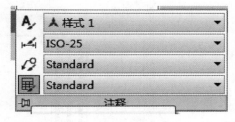

图 6-16　"注释"面板中的"表格样式"按钮

2. 命令的操作

输入"表格样式"命令后，系统弹出"表格样式"对话框，如图 6-17 所示。

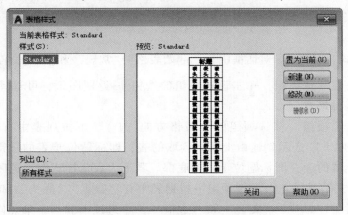

图 6-17　"表格样式"对话框

"表格样式"对话框中左边是"样式（S）"区，中部为"预览"区。"样式"区显示已建的各种表格样式名，"预览"区内显示选中样式的表格形式。"置为当前（U）"和"删除（D）"按钮分别用于将在"样式（S）"列表框内选中的表格样式置为当前样式或删除掉，"新建（N）"和"修改（M）"按钮分别用于新建表格样式或修改已有的表格样式。下面主要介绍新建表格样式。

单击"表格样式"对话框中的"新建"按钮，弹出如图 6-18 所示的"创建新的表格样式"对话框。

在"创建新的表格样式"对话框中，可从"基础样式"下拉列表中选择新的表格样式作为基础样式；在"新样式名（N）"文本框中输入新样式的名称（如输入"表格 1""表格 2"等），然后单击"继续"按钮

图 6-18　"创建新的表格样式"对话框

继续 ，弹出如图 6-19 所示的"新建表格样式：表格 1"对话框。

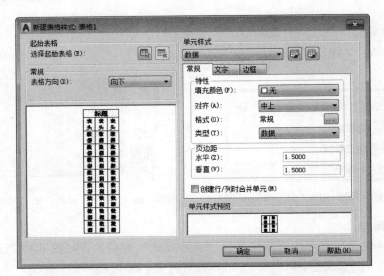

图 6-19 "新建表格样式：表格 1"对话框

"新建表格样式：表格 1"对话框中有"起始表格""常规"和"单元样式"三个选项组。

（1）"起始表格"选项组 单击该选项组的按钮 返回图纸，可选择一个已有的表格作为新建表格的基础格式。

（2）"常规"选项组 该选项组的"表格方向（D）"下拉列表中有"向下"和"向上"两个选择，"向下"表示创建由上而下读取的表，即标题位于表的顶部；"向上"则表示创建由下而上读取的表，即标题位于表的底部。其下为表格样式的预览区。

（3）"单元样式"选项组 该选项组下拉列表中有"数据""表头"和"标题"三个选项，每个选项都对应"常规""文字"和"边框"三个选项卡和一个单元样式预览框。

1）"常规"选项卡中各项的含义和操作方法如下：

"填充颜色（F）"下拉列表框：可以从中选择一种作为单元表格的底色。

"对齐（A）"下拉列表框：可以从中选择一种作为单元表格文字的定位方式。

"格式（O）"按钮 ：可以从弹出的"表格单元格式"对话框中选择"百分比""日期""点""角度""文字"和"整数"等样例中的一种作为单元表格中输入相应文字的格式。

"类型（T）"下拉列表框：可以从"数据"和"标签"中选择一种类型。

页边距"水平（Z）"文本框：用来设置单元表格内文字与线框水平方向的间距。

页边距"垂直（V）"文本框：用来设置单元表格内文字与线框垂直方向的间距及多行文字的行间距。

2）"文字"选项卡中各项的含义和操作方法如下：

"文字样式（S）"下拉列表框：可以从中选择一种作为单元表格文字的字体。

"文字高度（I）"文字本框：用来设置单元表格文字的高度。

"文字颜色（C）"下拉列表框：可以从中选择一种作为单元表格文字的颜色。

"文字角度（G）"文本框：用来设置单元表格文字的角度。

3）"边框"选项卡中各项的含义和操作方法如下：

"线宽（L）"下拉列表框：可以从中选择一种作为单元表格线型的线宽。

"线型（N）"下拉列表框：可以从中选择一种作为单元表格的线型。

"颜色（C）"下拉列表框：可以从中选择一种作为单元表格的颜色。

其下部的八个按钮 田 田 田 田 田 田 田 田，用来控制表格线型的绘制范围。

6.2.2　修改表格样式

如图 6-20 所示，在"表格样式"对话框的"样式（S）"列表框中，选中要修改的表格样式（如"表格3"）后，单击"修改（M）"按钮，将弹出"修改表格样式：表格3"对话框，如图 6-21 所示，利用此对话框可直接修改已有表格的样式。

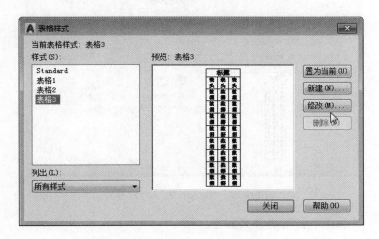

图 6-20　修改"表格 3"操作示例

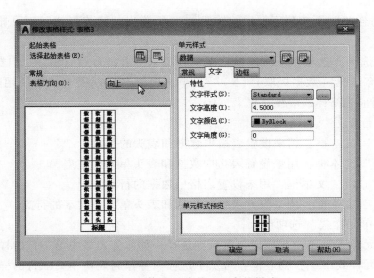

图 6-21　修改"表格 3"中的样式

6.2.3 插入和填写表格

1. 输入命令的方式

1）单击"表格"面板中的"表格"按钮 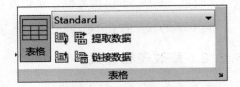，如图 6-22 所示。

2）单击菜单栏"绘图"→"表格"命令。

3）键盘输入：TABLE✓。

2. 命令的操作

输入"表格"命令后，系统弹出"插入表格"对话框，如图 6-23 所示。

图 6-22 "表格"面板中的"表格"按钮

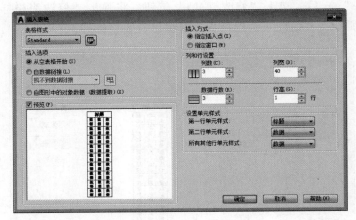

图 6-23 "插入表格"对话框

"插入表格"对话框中各项的含义如下：

（1）"表格样式"选项组 "表格样式"下拉列表框：可以从中选择一种所需要的表格样式。

单击"表格样式"下拉列表框后的按钮 ，可弹出"表格样式"对话框，操作它可以修改表格样式。

（2）"插入选项"选项组 可以根据需要从"从空表格开始（S）""自数据链接（L）""自图形中的对象数据（数据提取）（X）"三个选项中选择一项（一般使用默认设置）。该选项组下部为当前表格样式的预览框。

（3）"列和行设置"选项组

"列数（C）"文本框：用来设置表格中数据和表头的列数。

"列宽（D）"文本框：用来设置表格中数据和表头单元的宽度。

"数据行数（R）"文本框：用来设置表格中数据的行数。

"行高（G）"文本框：用来设置表格中数据和表头单元中文字的行高。

（4）"设置单元样式"选项组

"第一行单元样式"下拉列表框：可从中选择一种作为表格中第一行的样式。

"第二行单元样式"下拉列表框：可从中选择一种作为表格中第二行的样式。

"所有其他行单元样式"下拉列表框：可从中选择一种作为除第一行和第二行外的其他

行的样式。

（5）"插入方式"选项组　该选项组有"指定插入点（I）"和"指定窗口（W）"两个单选按钮，可选择其中一种作为表格的定位方式。若选择了"指定窗口（W）"方式，则"列和行设置"选项组的"列宽"和"数据行数"文字的编辑框将显示为灰色不可用，表格的列宽和数据行数将在插入时由光标所给的窗口大小来确定。

完成"插入表格"对话框的设置后，单击"确定"按钮，关闭对话框进入绘图状态，此时命令行提示"指定插入点"，指定后，系统在指定插入点或窗口自动插入一个空表格，并打开"多行文字编辑器"，如图6-24所示。

图6-24　空表格和"多行文字编辑器"

不输入文字，直接在"多行文字编辑器"中单击"确定"按钮退出，如图6-25所示。

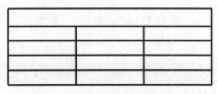

图6-25　空表格

单击表格中任意一条竖线，出现夹点后，左右拖动夹点，即可改变列宽，如图6-26所示。

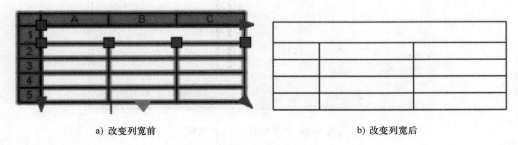

a) 改变列宽前　　　　　　　　　　　　　　b) 改变列宽后

图6-26　改变列宽

双击要输入文字的单元格，重新打开"多行文字编辑器"，在该单元格中输入相应的文字或数据，如图6-27所示。

例6-1　绘制如图6-28所示零件图标题栏。

螺纹联接件		
名称	数量	材料
螺栓	1	35
螺母	1	35
垫圈	1	35

a) 表格方向为"向下"

垫圈	1	35
螺母	1	35
螺栓	1	35
名称	数量	材料
螺纹联接件		

b) 表格方向为"向上"

图 6-27　插入表格示例

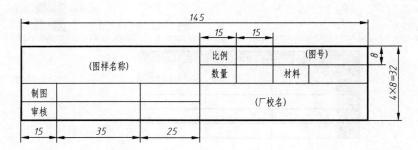

图 6-28　标题栏格式

绘制步骤：

1）单击菜单栏"格式"→"表格样式"命令，系统打开"表格样式"对话框，如图 6-29 所示。

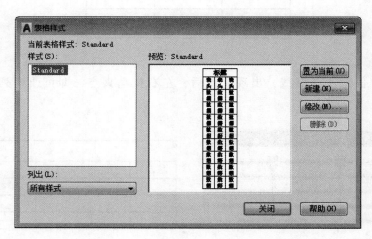

图 6-29　"表格样式"对话框

2）单击"修改"按钮，系统打开"修改表格样式：Standard"对话框，在"单元样式"下拉列表中选择"数据"选项，在下面的"文字"选项卡中将"文字高度"设置为"3"，如图 6-30 所示。再打开"常规"选项卡，将"页边距"选项组中的"水平"和"垂直"都设置成"1"，如图 6-31 所示。

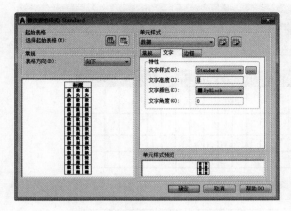

图 6-30 设置"文字"选项卡

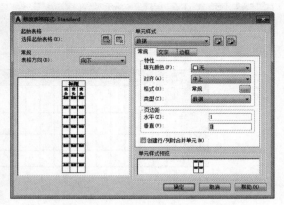

图 6-31 设置"常规"选项卡

3）单击"确定"按钮，系统返回"表格样式"对话框，单击"关闭"按钮退出。

4）单击菜单栏"绘图"→"表格"命令，系统打开"插入表格"对话框，在"列和行设置"选项组中将"列数"设置为"28"，将"列宽"设置为"5"，将"数据行数"设置为"2"（加上标题行和表头行共4行），将"行高"设置为"1"（即为10mm）；在"设置单元样式"选项组中将"第一行单元样式""第二行单元样式"和"所有其他行单元样式"都设置为"数据"，如图6-32所示。

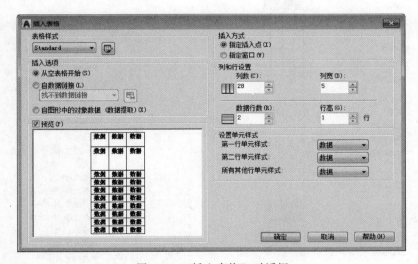

图 6-32 "插入表格"对话框

5）单击"确定"按钮，在屏幕上指定表格位置，系统生成表格，同时打开"多行文字编辑器"，如图6-33所示。

6）不输入文字，直接按＜Enter＞键，生成空表格（表格的高度不合适），如图6-34所示。

7）单击表格中一个单元格，系统显示其编辑夹点，单击鼠标右键，在打开的快捷菜单中选择"特性"命令，如图6-35所示。系统弹出"特性"对话框，将"单元高度"参数改为"8"，如图6-36所示。用同样方法将其他行的高度改为"8"，如图6-37所示。

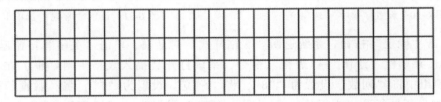

图 6-33　表格和"多行文字编辑器"

图 6-34　生成空表格

图 6-35　快捷菜单

图 6-36　"特性"对话框

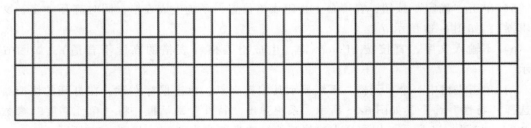

图 6-37　修改表格行高度

8）选择 A1 单元格，按住 <Shift> 键，同时选择右边的 14 个单元格以及下面的 14 个单元格，单击"合并"面板上的"合并单元"→"合并全部"按钮，如图 6-38 所示。这些单元格完成合并，如图 6-39 所示。

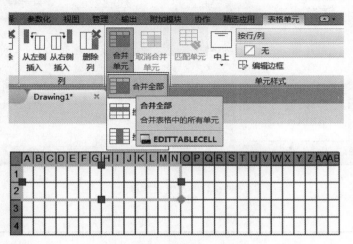

图 6-38　合并单元格

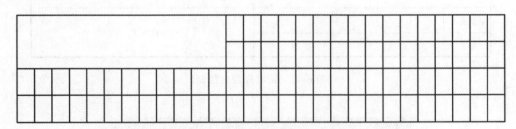

图 6-39　合并结果

9）用同样方法合并其他单元格，结果如图 6-40 所示。

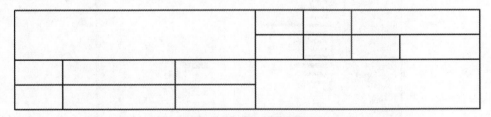

图 6-40　完成表格绘制

10）设置文字样式，单击菜单栏"格式"→"文字样式"命令，在"文字样式"对话框中，设置字体为"仿宋"、字高为"3"、宽度因子为"0.8"，单击"置为当前"按钮，再单击"关闭"按钮，如图 6-41 所示。

11）用"单行文字"命令填写表格，完成标题栏绘制，如图 6-42 所示。

12）单击菜单栏"文件"→"另存为"，系统弹出"图形另存为"对话框，将图形保存为"DWT"格式文件即可，如图 6-43 所示。

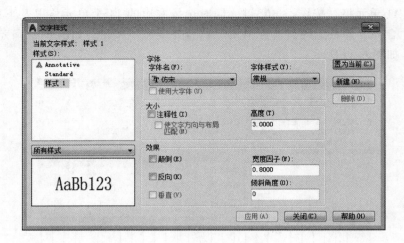

图 6-41　设置文字样式

		比例		(图号)	
(图样名称)		数量		材料	
制图		(厂校名)			
审核					

图 6-42　完成标题栏绘制

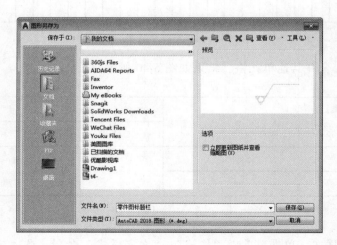

图 6-43　"图形另存为"对话框

上机练习与指导

6-1　设置表格样式，绘制如图 6-44 所示表格。

> **提示:**
>
> * 单击菜单栏"绘图"→"表格"命令,打开"插入表格"对话框。
>
> * 设置列数为"5"、数据行数为"4"、列宽为"40",其他项为默认。

四通阀零件明细栏				
序号	名称	数量	材料	备注
1	阀体	1	HT250	
2	阀杆	1	ZG230-450	
3	填料	1	石棉绳	
4	压盖	1	HT150	

图 6-44 用"表格"命令绘制零件明细栏

6-2 按图 6-45 所示绘制装配图标题栏和明细栏,不标注尺寸。

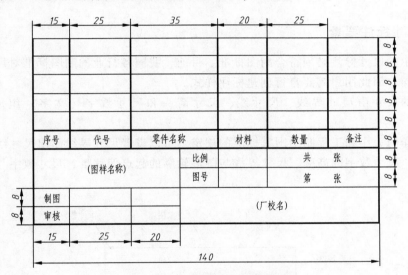

图 6-45 绘制装配图标题栏和明细栏

第7章　尺寸标注与设置

7.1　尺寸标注要素与类型

7.1.1　尺寸标注要素

工程图中的尺寸标注必须符合制图标准。目前，我国各行业的制图标准对尺寸标注的要求不完全相同，因此用户需要自行创建标注样式。

工程图的尺寸由尺寸界线、尺寸线、尺寸箭头和尺寸数字（文字）组成，如图 7-1 所示。

根据图样的大小和工程制图国家标准的规定，可以设置尺寸界线超出尺寸线的长度、尺寸箭头大小、尺寸数字的高度、尺寸界线与图形轮廓的起点偏移量、尺寸数字与尺寸线的距离等。

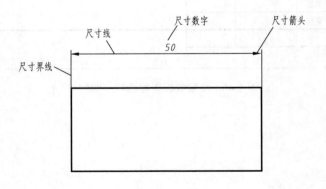

图 7-1　尺寸标注要素

7.1.2　尺寸标注类型

工程图中常用的尺寸标注有：线性标注、对齐标注、直径标注、半径标注、角度标注、快速标注、连续标注和基线标注等，各种尺寸标注类型如图 7-2 所示。

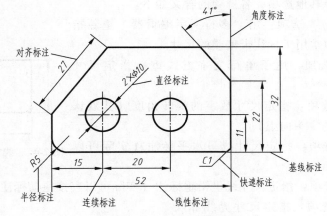

图 7-2 尺寸标注类型

7.2 常用的尺寸标注

7.2.1 线性标注

用"线性"命令可以标注水平或铅垂方向的线性尺寸。在标注线性尺寸时，应打开固定对象捕捉和对象捕捉追踪，这样可以准确、快速地进行尺寸标注。

1. 输入命令的方式

1）单击"标注"工具栏中的"线性"按钮，如图 7-3 所示。

2）单击菜单栏"标注"→"线性"命令。

3）键盘输入：DIMLINEAR（DIMLIN）↙。

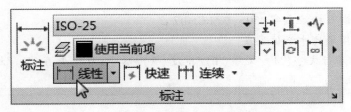

图 7-3 "标注"工具栏中的"线性"按钮

2. 命令的操作

命令:（输入"线性"命令）

DIMLINEAR 指定第一条尺寸界线原点或<选择对象>:（用对象捕捉指定第一条尺寸界线的起点）

DIMLINEAR 指定第二条尺寸界线原点:（用对象捕捉指定第二条尺寸界线起点）

DIMLINEAR 指定尺寸线位置或

DIMLINEAR[多行文字(M)/文字(T)/角度(A)/水平(H)/垂直(V)/旋转(R)]:（拖动光标指定尺寸线位置或选择选项）

若直接指定尺寸线位置，则将按测定的尺寸数字完成标注，如图 7-4 所示。

若需要则可选择其他选项，各选项的含义如下：

"多行文字（M）"选项：用"多行文字编辑器"重新指定尺寸数字，该选项常用于标注带偏差的尺寸。

"文字（T）"选项：用于单行文字方式重新指定尺寸数字。

"角度（A）"选项：指定尺寸数字的旋转角度（其默认值是"0"，即数字的字头向上）。

"水平（H）"选项：指定尺寸线呈水平标注（实际可以直接拖动标注）。

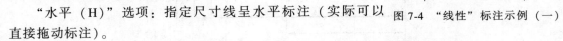

图7-4 "线性"标注示例（一）

"垂直（V）"选项：指定尺寸线呈铅垂标注（实际可以直接拖动标注）。

"旋转（R）"选项：指定尺寸界线和尺寸线的旋转角度。

选项操作后，系统会再一次提示要求给出尺寸线位置，指定后，完成标注。

例7-1 按图7-5所示，用"线性"命令，在非圆图形上标注直径尺寸。

操作步骤：

命令：(输入"线性"命令)

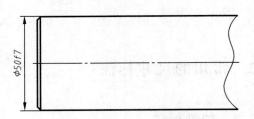

图7-5 "线性"标注示例（二）

DIMLINEAR 指定第一条尺寸界线原点或<选择对象>：(用对象捕捉指定第一条尺寸界线的起点)

DIMLINEAR 指定第二条尺寸界线原点：(用对象捕捉指定第二条尺寸界线起点)

DIMLINEAR 指定尺寸线位置或

DIMLINEAR[多行文字(M)/文字(T)/角度(A)/水平(H)/垂直(V)/旋转(R)]：(选择"文字(T)"选项)

DIMLINEAR 输入标注文字<50>：%%C50f7 ↙

DIMLINEAR 指定尺寸线位置或

DIMLINEAR[多行文字(M)/文字(T)/角度(A)/水平(H)/垂直(V)/旋转(R)]：(拖动光标指定尺寸线位置)

提示：

※ 在"%%C50f7"的标注中，"%%C"表示直径符号"φ"，确认以后"%%C"立即变成符号"φ"。

※ 如果标注的线性尺寸后面带有对称偏差（如±0.01），可输入"%%P0.01"，确认以后"%%P"即可变成对称偏差符号"±"。

※ 对称偏差属于单行文字，应选择"文字（T）"选项，而不能用"多行文字（M）"选项。

例7-2 按图7-6所示，用"多行文字编辑器"标注带尺寸公差的线性尺寸。

操作步骤：

命令：(输入"线性"命令)

DIMLINEAR 指定第一条尺寸界线原点或<选择对象>：(用对象捕捉指定第一条尺寸界线的起点)

DIMLINEAR 指定第二条尺寸界线原点：(用对象捕捉指定第二条尺寸界线起点)

DIMLINEAR 指定尺寸线位置或

DIMLINEAR[多行文字(M)/文字(T)/角度(A)/水平(H)/垂直(V)/旋转(R)]：(选择"多行文字(M)"选项)

DIMLINEAR (打开"多行文字编辑器")，默认光标处于"60"前面（"60"为测量尺寸），将光标移动到"60"后面，输入上、下极限偏差数值"0^-0.030"，如图7-7a所示（符号"^"在数字键"6"上，符号"^"表示上、下极限偏差之间的分界，不能省略）。

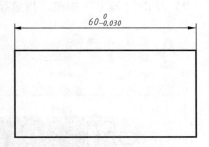

图 7-6　"线性"标注示例（三）

用光标选中 " 0^-0.030"（变暗），单击"堆叠"按钮 $\frac{b}{a}$，上下极限偏差变成上下堆叠形式，如图7-7b所示。单击编辑器上"确定"按钮 确定 ，单击指定标注位置即可完成带尺寸公差的线性尺寸标注。

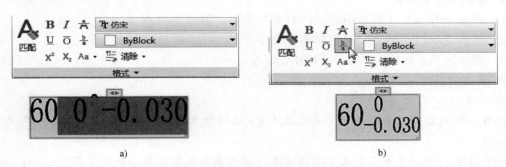

图 7-7　"多行文字编辑器"标注带尺寸公差的线性尺寸

提示：

※ 打开"多行文字编辑器"后，光标后面的数字表示测量尺寸的数值，若要更改测量尺寸，则可先删除默认数值，再输入新的尺寸数值。

例 7-3　按图7-8所示，用"多行文字编辑器"标注配合尺寸。

操作步骤：

1）输入"线性"命令。

2）指定第一条尺寸界线的起点。

3）指定第二条尺寸界线的起点。

4）选择"多行文字"选项，打开"多行文字编辑器"。

5）输入"%%C50H8/s7"，如图7-9a所示。

6）用光标选中"H8/s7"（变暗），单击"堆叠"按钮 $\frac{b}{a}$，配合代号变成上下堆叠的分式形式，如图7-9b所示。

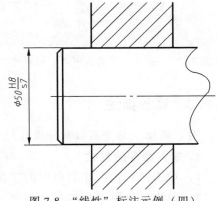

图 7-8　"线性"标注示例（四）

7) 单击"确定"按钮，指定尺寸线位置即可完成配合尺寸的标注。

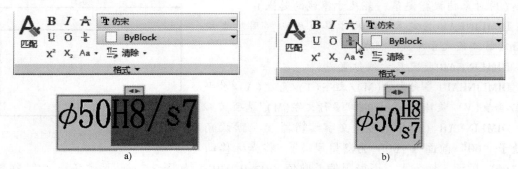

图 7-9 "多行文字编辑器"标注配合尺寸

7.2.2 已对齐标注

用"已对齐"命令可以标注倾斜方向的线性尺寸。

1. 输入命令的方式

1) 单击"标注"工具栏中的"已对齐"按钮，如图 7-10 所示。

2) 单击菜单栏"标注"→"已对齐"命令。

3) 键盘输入：DIMALIGNED（DIMALI）✓。

2. 命令的操作

命令：(输入"已对齐"命令)

DIMALIGNED 指定第一条尺寸界线原点或<选择对象>：(用对象捕捉指定第一条尺寸界线的起点)

DIMALIGNED 指定第二条尺寸界线原点：(用对象捕捉指定第二条尺寸界线起点)

DIMALIGNED 指定尺寸线位置或[多行文字(M)/文字(T)/角度(A)]：(指定尺寸线位置或选择选项)

若直接指定尺寸线位置，则将按测定的尺寸数字完成标注，如图 7-11 所示。

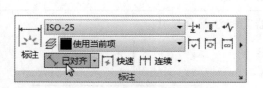

图 7-10 "标注"工具栏中的"已对齐"按钮

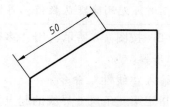

图 7-11 "已对齐"标注示例

7.2.3 弧长标注

用"弧长"命令可以标注弧长尺寸。

1. 输入命令的方式

1) 单击"标注"工具栏中的"弧长"按钮，如图 7-12 所示。

2) 单击菜单栏"标注"→"弧长"命令。

3）键盘输入：DIMARC ↙。

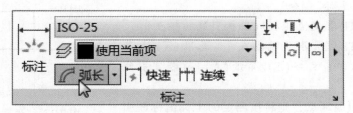

图 7-12 "标注"工具栏中的"弧长"按钮

2. 命令的操作

命令：(输入"弧长"命令)

DIMARC 选择弧线段或多段线弧线段：(单击选择需要标注的圆弧)

DIMARC 指定弧长标注位置或 [多行文字 (M) / 文字 (T) / 角度 (A) / 部分 (P) / 引线 (L)]：(拖动光标指定尺寸线位置或选择选项)

若直接指定尺寸线位置，则将按测定的尺寸数字并加上弧长符号完成弧长尺寸标注，如图 7-13a 所示；若选择"部分"选项，则按提示指定弧长的"*A*"点和"*B*"点，即可标出两点之间的弧长，如图 7-13b 所示。

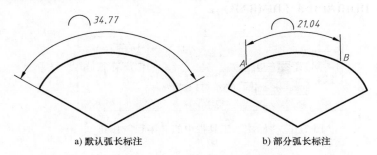

a) 默认弧长标注   b) 部分弧长标注

图 7-13 "弧长"标注示例

7.2.4 坐标标注

用"坐标"命令可以标注图中指定点的 *X*、*Y* 坐标值。

1. 输入命令的方式

1）单击"标注"工具栏中的"坐标"按钮，如图 7-14 所示。

2）单击菜单栏"标注"→"坐标"命令。

3）键盘输入：DIMORDINATE（DIMORD）↙。

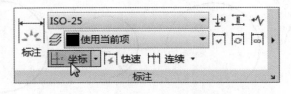

图 7-14 "标注"工具栏中的"坐标"按钮

2. 命令的操作

命令：(输入"坐标"命令)

DIMORDINATE 指定点坐标：(选择引线的起点)

DIMORDINATE 指定引线端点或 [X 基准(X)/Y 基准(Y)/多行文字(M)/文字(T)/角度(A)]：(指定引线端点或选择选项)

若直接指定引线端点，则将按测定的坐标值标注引线起点的 X 坐标或 Y 坐标，如图 7-15 所示。若需改变坐标值，则应选"文字"或"多行文字"选项，给出新坐标值，再指定引线终点，即完成标注。

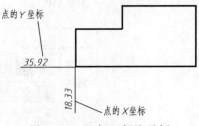

图 7-15 "坐标"标注示例

7.2.5 半径标注

用"半径"命令可以标注圆弧的半径尺寸。

1. 输入命令的方式

1）单击"标注"工具栏中的"半径"按钮，如图 7-16 所示。

2）单击菜单栏"标注"→"半径"命令。

3）键盘输入：DIMRADIUS（DIMRAD）✓。

图 7-16 "标注"工具栏中的"半径"按钮

2. 命令的操作

命令：(输入"半径"命令)

DIMRADIUS 选择圆弧或圆：(单击选择需要标注的圆弧或圆)

标注文字 = 22(该行为信息行)

DIMRADIUS 指定尺寸线位置或[多行文字(M)/文字(T)/角度(A)]：(拖动光标指定尺寸线位置或选择选项)

若直接指定尺寸线位置，则将按测定的尺寸数字并加上半径符号"R"完成半径标注。

若通过设置标注样式，则可完成如图 7-17 所示的半径标注。

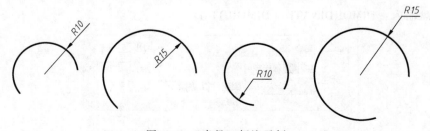

图 7-17 "半径"标注示例

7.2.6 已折弯标注

用"已折弯"命令可以标注大圆弧半径尺寸。

1. 输入命令的方式

1）单击"标注"工具栏中的"已折弯"按钮，如图7-18所示。

2）单击菜单栏"标注"→"已折弯"命令。

图7-18 "标注"工具栏中的"已折弯"按钮

3）键盘输入：DIMJOGGED ↙。

2. 命令的操作

命令：(输入"已折弯"命令)

DIMJOGGED 选择圆弧或圆：(单击选择需要标注的圆弧或圆)

DIMJOGGED 指定图示中心位置：(单击尺寸线端点的位置)

DIMJOGGED 指定尺寸线位置或[多行文字(M)/文字(T)/角度(A)]：(拖动光标指定尺寸线位置或选择选项)

DIMJOGGED 指定折弯位置：(单击确定折弯位置)

提示：

※ 无论中心点定在什么位置，系统都将按圆或圆弧的实际尺寸数字并加上半径符号"*R*"完成已弯折半径的标注。

※ 尺寸线的折弯角度是指折线与尺寸线之间的角度，系统默认为45°。其角度值可以通过标注样式设置（在7.3节标注样式的设置中有介绍），"已折弯"标注示例如图7-19所示。

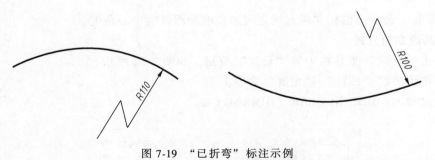

图7-19 "已折弯"标注示例

7.2.7 直径标注

用"直径"命令可以标注圆或圆弧的直径尺寸。

1. 输入命令的方式

1）单击"标注"工具栏中的"直径"按钮，如图7-20所示。

2）单击菜单栏"标注"→"直径"命令。

3）键盘输入：DIMDIAMETER（DIMDIA）↙。

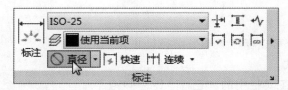

图 7-20 "标注"工具栏中的"直径"按钮

2. 命令的操作

命令:(输入"直径"命令)

DIMDIAMETER 选择圆弧或圆:(单击选择需要标注的圆弧或圆)

标注文字＝40(该行为信息行)

DIMDIAMETER 指定尺寸线位置或[多行文字(M)/文字(T)/角度(A)]:(拖动光标指定尺寸线位置或选择选项)

若直接指定尺寸线位置，则将按测定的尺寸数字并加上直径符号"ϕ"完成直径标注。

通过设置标注样式，可完成如图 7-21 所示的各种直径标注。

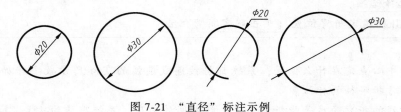

图 7-21 "直径"标注示例

7.2.8 角度标注

用"角度"命令可以标注两直线之间的角度和圆弧的中心角度。

1. 输入命令的方式

1) 单击"标注"工具栏中的"角度"按钮，如图 7-22 所示。

2) 单击菜单栏"标注"→"角度"命令。

3) 键盘输入：DIMANGULAR（DIMANG）↙。

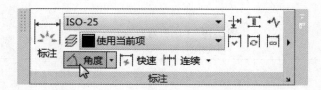

图 7-22 "标注"工具栏中的"角度"按钮

2. 命令的操作

（1）标注两直线之间的角度

命令:(输入"角度"命令)

DIMANGULAR 选择圆弧、圆、直线或<指定顶点>:(单击选择第一条直线)

DIMANGULAR 选择第二条直线:(单击选择第二条直线)

DIMANGULAR 指定标注弧线位置或[多行文字（M）/文字（T）/角度（A）]：(拖动光标指定尺寸线位置或选择选项)

若直接指定尺寸线位置，则将按测定的尺寸数字并加上角度单位符号"°"完成角度标注，如图 7-23a 所示。

（2）标注圆弧的中心角度

命令：(输入"角度"命令)

DIMANGULAR 选择圆弧、圆、直线或<指定顶点>：(单击选择圆弧上任意一点A)

DIMANGULAR 指定标注弧线位置或[多行文字（M）/文字（T）/角度（A）]：(拖动光标指定尺寸线位置或选择选项)

若直接指定尺寸线位置，则将按测定的尺寸数字并加上角度单位符号"°"完成角度标注，如图 7-23b 所示。

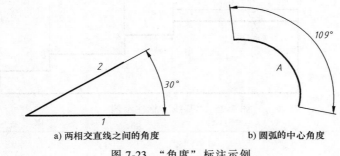

a) 两相交直线之间的角度　　　　　　　b) 圆弧的中心角度

图 7-23　"角度"标注示例

7.2.9　基线标注

用"基线"命令可以快速地标注具有同一基准的若干个相互平行的尺寸。

1. 输入命令的方式

1）单击"标注"工具栏中的"基线"按钮，如图 7-24 所示。

2）单击菜单栏"标注"→"基线"命令。

3）键盘直接输入：DIMBASELINE（DIMBASE）↙。

以图 7-25 为例说明"基线"标注方法。

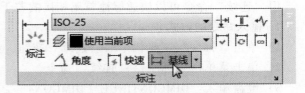

图 7-24　"标注"工具栏中的"基线"按钮

先用"线性"命令标注第一个基准尺寸"50"，再用"基线"命令完成其他尺寸的标注，每一个尺寸都将以基准尺寸的第一条尺寸界线作为第一条尺寸界线进行尺寸标注。

2. 命令的操作（图 7-25）

命令：(输入"基线"命令)

DIMBASELINE 选择基准标注

DIMBASELINE 指定第二条尺寸界线原点或[放弃（U）/选择（S）]<选择>：(单击"A"点完成尺寸"70"的标注)

标注文字 = 70(该行为信息行)

DIMBASELINE 指定第二条尺寸界线原点或[放弃(U)/选择(S)]<选择>:(单击"B"点完成尺寸"100"的标注)

标注文字 = 100(该行为信息行)

DIMBASELINE 指定第二条尺寸界线原点或[放弃(U)/选择(S)]<选择>:(单击"C"点完成尺寸"120"的标注)

标注文字 = 120(该行为信息行)

DIMBASELINE 指定第二条尺寸界线原点或[放弃(U)/选择(S)]<选择>:(右击确认结束标注)

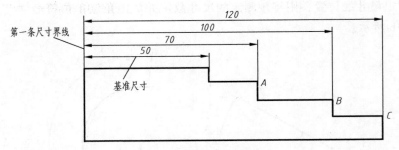

图 7-25 "基线"标注示例

> **提示:**
> ※ 各基线尺寸之间的距离可以在标注样式中设置,通常设置为 7~10mm。
> ※ 选择"放弃(U)"可以撤销前一个基线尺寸,选择"选择(S)"则允许重新指定基准尺寸第一条尺寸界线的位置。

7.2.10 连续标注

用"连续"命令可以快速标注首尾相接的若干个连续尺寸。

1. 输入命令的方式

1)单击"标注"工具栏中的"连续"按钮,如图 7-26 所示。

2)单击菜单栏"标注"→"连续"命令。

3)键盘输入:DIMCONTINUE(DIMCONT)↙。

图 7-26 "标注"工具栏中的"连续"按钮

以图 7-27 为例说明"连续"标注方法。

先用"线性"命令标注第一个基准尺寸"50",再用"连续"命令完成其他尺寸的标注，每一个尺寸都将以上一次标注的第二条尺寸界线为基准。

2. 命令的操作（图 7-27）

命令:（输入"连续"命令）

DIMCONTINUE 指定第二条尺寸界线原点或［放弃（U）/选择（S）］<选择>:（单击"A"点完成尺寸"20"的标注）

标注文字 = 20（该行为信息行）

DIMCONTINUE 指定第二条尺寸界线原点或［放弃（U）/选择（S）］<选择>:（单击"B"点完成尺寸"30"的标注）

标注文字 = 30（该行为信息行）

DIMCONTINUE 指定第二条尺寸界线原点或［放弃（U）/选择（S）］<选择>:（单击"C"点完成尺寸"20"的标注）

标注文字 = 20（该行为信息行）

DIMCONTINUE 指定第二条尺寸界线原点或［放弃（U）/选择（S）］<选择>:（右击确认结束标注）

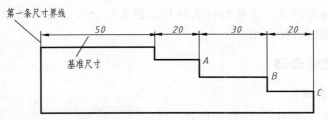

图 7-27　"连续"标注示例

提示：

※ 所注的连续尺寸数值，只能使用内测值，标注中不能重新指定。

7.2.11　快速标注

"快速"命令可以更简洁地完成线性尺寸、坐标尺寸、半径尺寸、直径尺寸、连续尺寸等的标注。操作该命令可一次标注一批尺寸形式相同的尺寸。

1. 输入命令的方式

1）单击"标注"工具栏中的"快速"按钮，如图 7-28 所示。

2）单击菜单栏"标注"→"快速"命令。

3）键盘输入：QDIM ↙。

2. 命令的操作

命令:（输入"快速"命令）

图 7-28　"标注"工具栏中的"快速"按钮

QDIM 选择要标注的几何图形:（选择一个实体）

QDIM 选择要标注的几何图形:（再选择一个实体，或按<Enter>键结束选择）

QDIM 指定尺寸线位置或[连续(C)/并列(S)/基线(B)/坐标(O)/半径(R)/直径(D)/基准点(P)/编辑(E)/设置(T)]<连续>:(拖动光标确定尺寸线位置或选择选项)

若直接指定尺寸线位置，则确定后将按默认设置标注出一批连续尺寸并结束命令；若要标注其他形式的尺寸应选择相应选项，则按提示操作后，将重复上一行的提示，然后再指定尺寸线位置，系统将按所选形式标注尺寸并结束命令。用"快速"命令可以一次性快速地标注出一系列基线尺寸、连续尺寸以及一次性标注多个圆和圆弧直径或半径尺寸、坐标尺寸等。

7.3 新建与修改标注样式

AutoCAD 是一个通用的绘图软件包，它所预设的标注样式不完全符合我国的制图标准。因此，在标注尺寸之前，用户应该根据需要，自行设置标注样式或修改当前的标注样式，以满足我国制图标准的要求。

在新建标注样式时，主要是基于当前的标注样式进行修改，大部分样式项目都采用默认设置。对于常用的标注样式，工程设计人员和绘图人员会在设置后用样板文件建立图形文件，以便于每次使用时直接调用。

7.3.1 标注样式管理器

1. 输入命令的方式

1）单击"标注"工具栏中的"标注样式"按钮 ，如图 7-29 所示。

2）单击菜单栏"格式"→"标注样式"命令。

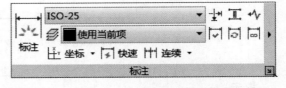

图 7-29 "标注"工具栏中的"标注样式"按钮

3）键盘输入：DIMSTYLE ↙。

2. 命令的操作

输入"标注样式"命令后，系统弹出"标注样式管理器"对话框，如图 7-30 所示。利用该对话框可方便直观地定制和浏览尺寸标注的样式，包括创建新的标注样式、修改已存在的标注样式、设置当前尺寸标注样式、重命名尺寸样式以及删除已有标注样式等。

该对话框中有"样式（S）"区、"预览"区和右边一系列按钮。

（1）"样式（S）"区 该区中的"样式"列表框用于显示当前图中已有的标注样式名称。该区下边的"列出（L）"下拉列表中的选项用来控制"样式（S）"列表框中所显示标注样式名称的范围。如图 7-30 所示，在"列出（L）"下拉列表中选择了"所

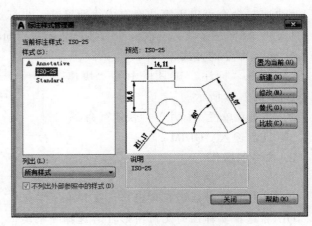

图 7-30 "标注样式管理器"对话框

有样式"选项,即在"样式"列表框中显示当前图中全部标注样式的名称。

(2)"预览"区 "预览"区标题的冒号后,显示当前标注样式的名称。该区中部的图形是当前标注样式的示例。"预览"区下部"说明"文字区显示对当前样式的描述。

(3)按钮 按钮区有五个按钮,分别为"置为当前(U)""新建(N)""修改(M)""替代(O)"和"比较(C)"。五个按钮的功能如下:

◎ "置为当前(U)"按钮 **置为当前(U)** :可以将已设置的标注样式置为当前标注样式。

◎ "新建(N)"按钮 **新建(N)...** :用于创建新的标注样式。

◎ "修改(M)"按钮 **修改(M)...** :可以修改一个已存在的尺寸标注样式。单击此按钮,系统打开"修改标注样式"对话框,该对话框中的各选项与"新建标注样式"对话框完全相同,可以对标注样式进行修改。

◎ "替代(O)"按钮 **替代(O)...** :可以设置临时覆盖尺寸标注样式。单击此按钮,系统打开"替代当前样式"对话框,该对话框中各选项与"新建标注样式"对话框中完全相同,用户可以改变选项的设置,以覆盖原来的设置。但这种修改只对指定的尺寸标注起作用,而不影响当前其他尺寸变量的设置。

◎ "比较(C)"按钮 **比较(C)...** :比较两个尺寸标注样式在参数上的区别,或浏览一个尺寸标注样式的参数设置。

7.3.2 创建新标注样式

单击"标注样式管理器"对话框中的"新建(N)"按钮 **新建(N)...** ,弹出"创建新标注样式"对话框,如图 7-31 所示。利用此对话框可创建一个新的尺寸标注样式,其中各项的功能如下。

1)"新样式名(N)"文本框:在该对话框的文本框中输入标注样式名称,如"文字与尺寸线平行"。

2)"基础样式(S)"下拉列表框:单击"基础样式(S)"下拉列表框,打开当前已有的样式列表,从中选择一个作为定义新样式的基础,新的样式是在所选样式的基础上修改一些特性得到的。

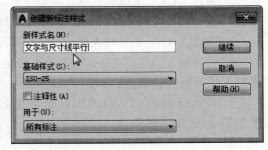

图 7-31 "创建新标注样式"对话框

3)"用于(U)"下拉列表框:指定新样式应用的尺寸类型。单击此下拉列表框,打开尺寸类型列表,如果新建样式应用于所有尺寸,则选择"所有标注"选项;如果新建样式只应用于特定的尺寸标注(如只在标注直径时使用此样式),则选择相应的尺寸类型。

4)"继续"按钮 **继续** :各选项设置好以后,单击"继续"按钮,系统弹出"新建标注样式:文字与尺寸线平行"对话框,如图 7-32 所示。利用此对话框可以对新标注样式的各项特性进行设置。

图 7-32 所示的"新建标注样式"对话框中有七个选项卡,其各项含义如下。

图 7-32 "线"选项卡

1. "线"选项卡

图 7-32 所示是显示"线"选项卡的"新建标注样式"对话框,该选项卡用来控制尺寸界线和尺寸线的标注形式。除预览区外,该选项卡中还有"尺寸线"和"尺寸界线"两个选项组。

(1)"尺寸线"选项组 "尺寸线"选项组共有六个操作项:

1)"颜色(C)"下拉列表框:用于设置尺寸线的颜色,一般采用默认或设为"ByLayer"。

2)"线型(L)"下拉列表框:用于设置尺寸线的线型,一般采用默认或设为"ByLayer"。

3)"线宽(G)"下拉列表框:用于设置尺寸线的线宽,一般采用默认或设为"ByLayer"。

4)"超出标记(N)"文本框:用于指定当尺寸起止符号为斜线(建筑图符号)时,尺寸线超出尺寸界线的长度,如图 7-33 所示(一般使用默认"0")。

5)"基线间距(A)"文本框:用于指定执行基线尺寸标注方式时两尺寸线间的距离,如图 7-34 所示(一般设为 7~10mm)。

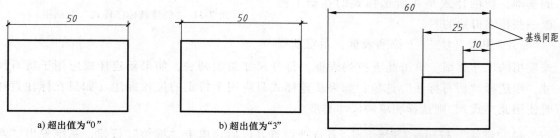

a)超出值为"0"	b)超出值为"3"

图 7-33 "超出标记"应用示例　　　　图 7-34 "基线间距"应用示例(7mm)

6)"隐藏"选项:该选项包括"尺寸线 1(M)"和"尺寸线 2(D)"两个复选按钮,其作用是分别控制"尺寸线 1(M)"和"尺寸线 2(D)"的消隐。"尺寸线 1(M)"是靠近尺寸界线第一起点的大半个尺寸线，"尺寸线2（D）"是靠近尺寸界线第二起点的大半个尺寸线。单击"隐藏"选项中的一个复选按钮，即可以隐藏一条尺寸线，主要用于半剖视图的标注，如图7-35所示。

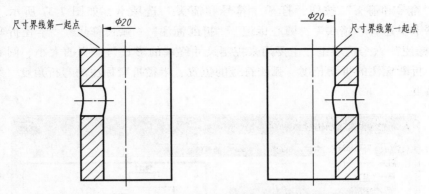

图7-35 隐藏"尺寸线2"和"尺寸界线2"的标注示例

（2）"尺寸界线"选项组 "尺寸界线"选项组共有八个操作项：

1）"颜色（R）"下拉列表框：用于设置尺寸界线的颜色，一般采用默认或设为"By-Layer"。

2）"尺寸界线1的线型（I）"下拉列表框：用于设置尺寸界线1的线型，一般采用默认或设为"ByLayer"。

3）"尺寸界线2的线型（T）"下拉列表框：用于设置尺寸界线2的线型，一般采用默认或设为"ByLayer"。

4）"线宽（W）"下拉列表框：用于设置尺寸界线的线宽，一般采用默认或设为"By-Layer"。

5）"隐藏"选项：该选项包括"尺寸界线1"和"尺寸界线2"两个复选按钮，其作用是分别控制"尺寸界线1"和"尺寸界线2"的消隐，通常与"尺寸线1"和"尺寸线2"的消隐共同使用，主要用于半剖视图的标注，如图7-35所示。

6）"超出尺寸线（X）"文本框：用来指定尺寸界线超出尺寸线的距离，一般按制图标准规定设为2~3mm，如图7-36所示。

7）"起点偏移量（F）"文本框：用来指定尺寸界线相对于起点偏移的距离。当起点偏移量为"0"时，尺寸界线起点与指定点重合；当起点偏移量为"2"时，尺寸界线起点与指定点的偏移量为"2"，如图7-36所示。

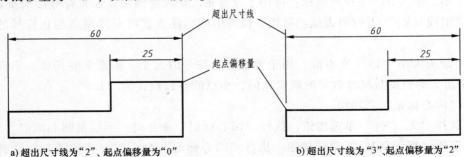

a) 超出尺寸线为"2"、起点偏移量为"0"　　　b) 超出尺寸线为"3"、起点偏移量为"2"

图7-36 "超出尺寸线"和"起点偏移量"设置示例

8）"固定长度的尺寸界线（O）"复选按钮：用来控制是否使用固定的尺寸界线长度来标注尺寸。若选中它，则可在其下的"长度"文本框中输入尺寸界线的固定长度。

2. "符号和箭头"选项卡

单击"符号和箭头"按钮，打开"符号和箭头"选项卡，如图7-37所示。除预览区外，该选项卡中还有"箭头""圆心标记""折断标注""弧长符号""半径折弯标注"和"线性折弯标注"六个选项组，主要用来控制尺寸终端的形式与箭头的大小、圆心标记的形式与大小、折断标注的折断长度、弧长符号的位置、半径折弯标注的弯折角度、线性折弯标注的折弯高度。

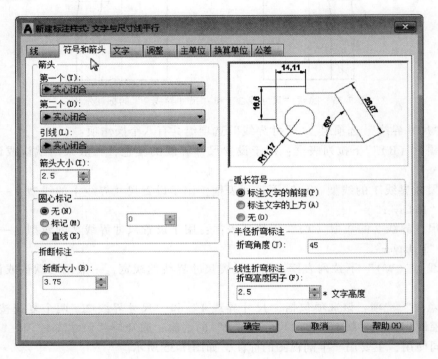

图7-37 "符号和箭头"选项卡

（1）"箭头"（即尺寸起止符号）选项组

1）"第一个（T）"下拉列表框：可用于设置第一个尺寸线端点起止符号形式及名称。

2）"第二个（D）"下拉列表框：可用于设置第二个尺寸线端点起止符号形式及名称。

3）"引线（L）"下拉列表框：可用于设置引线标注方式时引线端点起止符号的形式及名称。

4）"箭头大小（I）"文本框：用于确定起止符号的大小，如箭头的长度、小点的直径等。通常箭头的长度与尺寸数字的高度相同，小点的直径设置为"1.5"左右。

（2）"圆心标记"选项组

1）选择"无（N）"单选按钮：执行"圆心标记"命令时，不绘制圆心标记。

2）选择"标记（M）"单选按钮：执行"圆心标记"命令时，将在圆心处绘制一个十字标记，标记的大小可在其后的文本框中指定。

3）选择"直线（E）"单选按钮：执行"圆心标记"命令时，将给圆绘制中心线，中心线超出的长度可在其后的文本框中指定。

（3）"折断标注"选项组 "折断标注"选项组用于确定执行"折断标注"命令时，在所选尺寸上自动打断的长度。该选项组只有"折断大小（B）"一个文本框，可在此指定尺寸界线从起点开始自动打断的长度。

（4）"弧长符号"选项组 可设置弧长标注时的弧长符号位置，包括"标注文字的前缀（P）""标注文字的上方（A）""无"三个单选按钮，可按需要选择一种。

（5）"半径折弯标注"选项组 "半径折弯"选项组用于确定执行"折弯"命令时，所选尺寸折弯的角度。系统默认所标注的折弯角度（折线与尺寸线之间的角度）为45°。该区只有一个文本框，可在此指定尺寸折弯的角度。

（6）"线性折弯标注"选项组 "线性折弯标注"选项组用于确定执行"折弯线性"命令时，在所选尺寸上的折弯高度。该选项组只有一个文本框，可在此指定"折弯高度因子（F）"，输入的数值与文字高度的乘积即为线性尺寸的折弯高度。

3. "文字"选项卡

单击"文字"按钮，打开"文字"选项卡，如图7-38所示。该选项卡主要用来选定尺寸数字的样式及设定尺寸数字的高度、位置、字头方向等。除预览区外，该选项卡中还有"文字外观""文字位置"和"文字对齐"三个选项组。

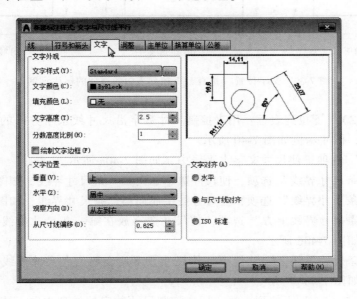

图7-38 "文字"选项卡

（1）"文字外观"选项组 "文字外观"选项组共有六个操作项：

1）"文字样式（Y）"下拉列表框：用于选择尺寸数字的文字样式，单击"…"按钮可弹出"新建文字样式"对话框，可用于设置新的文字样式。

2）"文字颜色（C）"下拉列表框：用来选择尺寸数字的文字颜色，一般采用默认或设成 ByLayer。

3）"填充颜色（L）"下拉列表框：在下拉列表中可选择尺寸数字的背景颜色，一般设置成"无"。

4）"文字高度（T）"文本框：用来指定尺寸数字的字高，一般设为 3.5mm。

5）"分数高度比例（H）"文本框：用来确定基本尺寸中分数数字的高度。在该文本框中输入一个数值，系统将该数值与文字高度的乘积作为尺寸中分数数字的高度。

6）"绘制文字边框（F）"复选按钮：控制是否给尺寸数字绘制边框。

（2）"文字位置"选项组 "文字位置"选项组有四个操作项：

1）"垂直（V）"下拉列表框：用来控制尺寸线垂直方向的位置。该下拉列表中有"居中""上""外部""JIS"（日本工业标准）和"下"五个选项。

选择"居中"选项，使尺寸数字在尺寸线中断处放置，如图 7-39a 所示。

选择"上"选项，使尺寸数字在尺寸线上方放置，如图 7-39b 所示。

选择"外部"选项，使尺寸数字在尺寸线外放置，如图 7-39c 所示。

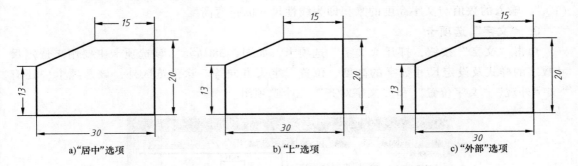

a)"居中"选项　　　　　　　　b)"上"选项　　　　　　　　c)"外部"选项

图 7-39　文字位置"垂直"下拉列表中各选项的标注示例

2）"水平（Z）"下拉列表框：用来控制尺寸数字沿尺寸线水平方向的位置，该下拉列表中有五个选项，标注示例如图 7-40 所示。

选择"居中"选项，使尺寸文字水平居中，如图 7-40a 所示。

选择"第一条尺寸界线"选项，使尺寸数字靠向第一条尺寸界线，如图 7-40b 所示。

选择"第二条尺寸界线"选项，使尺寸数字靠向第二条尺寸界线，如图 7-40c 所示。

选择"第一条尺寸界线上方"选项，使尺寸数字放在第一条尺寸界线上方并平行于第一条尺寸界线，如图 7-40d 所示。

选择"第二条尺寸界线上方"选项，使尺寸数字放在第二条尺寸界线上方并平行于第二条尺寸界线，如图 7-40e 所示。

3）"观察方向（D）"下拉列表框：用来控制尺寸数字的排列方向，该下拉列表中有两个选项。

选中"从左到右"选项，使尺寸数字从左到右排列，一般采用默认项。

选中"从右到左"选项，使尺寸数字从右到左排列并字头倒置。

4）"从尺寸线偏移（O）"文本框：用来确定尺寸数字底部与尺寸线之间的间距，一般为 0.6~2mm。

（3）"文字对齐（A）"选项组 "文字对齐（A）"选项组用来控制尺寸数字的字头方向是水平向上还是与尺寸线平行，有"水平""与尺寸线对齐"和"ISO 标准"三个

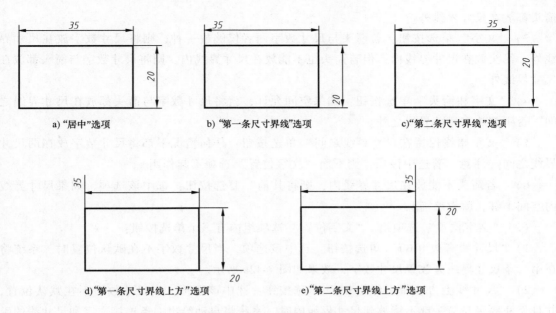

a)"居中"选项　　　　　b)"第一条尺寸界线"选项　　　　　c)"第二条尺寸界线"选项

d)"第一条尺寸界线上方"选项　　　　　e)"第二条尺寸界线上方"选项

图 7-40　文字位置"水平"下拉列表中各选项的标注示例

选项。

选择"水平"选项，尺寸数字的字头总是向上，用于引出标注和角度标注。

选择"与尺寸线对齐"选项，使尺寸数字与尺寸线平行，用于直线尺寸标注。

选择"ISO 标准"选项，符合国际制图标准，尺寸数字在尺寸界线内时与尺寸线平行，在尺寸界线外时数字头总是向上。

4．"调整"选项卡

单击"调整"按钮，打开"调整"选项卡，如图 7-41 所示。该选项卡，主要用来控制各尺寸界线之间的相对位置。除预览区外，该选项卡中还有"调整选项（F）""文字位置""标注特征比例"和"优化（T）"四个选项组。

（1）"调整选项（F）"选项组　确定箭头或尺寸数字在尺寸界线内放不下时，在何处绘制箭头和尺寸数字，设有六个操作项。

1）"文字或箭头（最佳效果）"单选按钮：由系统根据两尺寸界线间的距离，确定尺寸数字与箭头的形式，相当于以下方式的综合。

2）"箭头"单选按钮：若尺寸数字与箭头两者仅够放一种，则将箭头放在尺

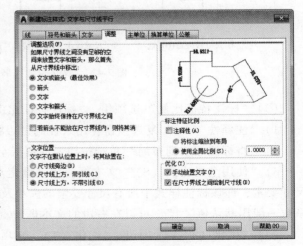

图 7-41　"调整"选项卡

寸界线外，尺寸数字放在尺寸界线内；若尺寸数字也不足以放在尺寸线内，则将尺寸数字与

箭头都放在尺寸界线外。

3）"文字"单选按钮：若箭头与尺寸数字两者仅够放一种，则将尺寸数字放在尺寸界线外，箭头放在尺寸界线内；但若箭头也不能放在尺寸界线内，则将尺寸数字与箭头都放在尺寸界线外。

4）"文字和箭头"单选按钮：如果空间允许，就将尺寸数字与箭头都放在尺寸界线之间，否则都放在尺寸界线之外。

5）"文字始终保持在尺寸界线之间"单选按钮：任何情况下都将尺寸数字放在两尺寸界线之间（注意：若选中该项，则下面"文字位置"选项不起作用）。

6）"若箭头不能放在尺寸界线内，则将其消"复选按钮：选中该选项，如果尺寸界线内空间不够，就省略箭头。

（2）"文字位置"选项组　"文字位置"选项组内有三个单选按钮：

1）"尺寸线旁边（B）"单选按钮：选中该选项，当尺寸数字不在默认位置时，系统将在第二条尺寸界线旁放置尺寸数字，效果如图7-42a所示。

2）"尺寸线上方，带引线（L）"单选按钮：选中该选项，当尺寸数字不在默认位置，并且尺寸数字与箭头都不能放到尺寸界线内时，系统将自动绘出一条连接文字和尺寸线的引线标注尺寸数字，效果如图7-42b所示。当文字非常靠近尺寸线时，将省略引线。

3）"尺寸线上方，不带引线（O）"单选按钮：选中该选项，当尺寸数字不在默认位置，并且尺寸数字与箭头都不能放到尺寸界线内时，呈引线模式标注，但不画出引线，效果如图7-42c所示。

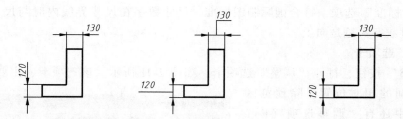

a)"尺寸线旁边(B)"选项　　b)"尺寸线上方，带引线(L)"选项　　c)"尺寸线上方，不带引线(O)"选项

图7-42　"文字位置"各选项标注示例

（3）"标注特征比例"选项组　"标注特征比例"选项组共有三个操作项：

1）"注释性（A）"复选按钮：用来控制是否将全局比例应用于注释性对象。

2）"将标注缩放到布局"单选按钮：在图纸空间使用全局比例。

3）"使用全局比例（S）"文本框：用来设定全局比例系数。全局比例系数用于控制各尺寸要素，即该标注样式中所有尺寸要素的大小及偏移量都会乘上全局比例系数。全局比例系数一般用默认值"1"，可以在右边的文本框中重新指定。

（4）"优化（T）"选项组　"优化（T）"选项组共有两个操作项：

1）"手动放置文字（P）"复选按钮：选择该项后，可在标注尺寸时自行指定尺寸数字的位置。

2）"在尺寸界线之间绘制尺寸线（D）"复选按钮：用来控制尺寸箭头在尺寸界线外面

时，两尺寸界线间是否画线。"打开"为画线，"关闭"为不画线，一般设置为"打开"。

5."主单位"选项卡

单击"主单位"按钮，打开"主单位"选项卡，如图7-43所示。该选项卡主要用来设置基本尺寸的单位格式和精度，指定绘图比例，并能设置尺寸数字的前缀和后缀。除预览区外，该选项卡中还有"线性标注""测量单位比例""消零"和"角度标注"四个选项组。

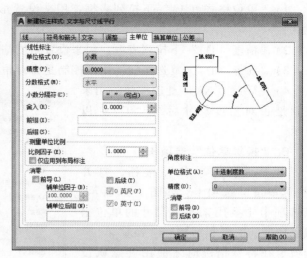

图7-43　"主单位"选项卡

（1）"线性标注"选项组 "线性标注"选项组用于控制线性尺寸度量单位、尺寸比例、尺寸数字中的前缀、后缀和"0"的显示，该选项组共有七个操作项：

1）"单位格式（U）"下拉列表框：用来设置所注线性尺寸单位。一般使用十进制（即默认设置"小数"）。

2）"精度（P）"下拉列表框：用来设置线性基本尺寸数字中小数点后面保留的位数。

3）"分数格式（M）"下拉列表框：用来设置线性基本尺寸中分数的格式。

4）"小数分隔符（C）"下拉列表框：用来设定十进制单位中小数分隔符的形式。

5）"舍入（R）"文本框：用来设置线性基本尺寸值舍入（即取最近值）的规定。

6）"前缀（X）"文本框：用来在尺寸数字的前面加一个前缀，如输入控制代码%%C显示直径符号，当输入前缀时，将覆盖在直径和半径等标注中使用的任何默认前缀。

7）"后缀（S）"文本框：用来在尺寸数字的后面加一个后缀，如单位"cm"。

（2）"测量单位比例"选项组 "测量单位比例"选项组共有两个操作项。

1）"比例因子（E）"文本框：根据绘图比例设置相应的比例因子，可直接标注形体的大小。例如：当图形采用1∶1比例绘制时，该"比例因子"设置为"1"；当图形采用2∶1比例放大时，该"比例因子"设置为"0.5"，此时，图形标注的尺寸数值为原数值（即图形放大，标注的尺寸不放大）。

2）"仅应用到布局标注"复选按钮：控制把比例因子仅用于布局中的尺寸。

（3）"消零"选项组 "消零"选项组共有两个操作项：

1）"前导（L）"复选按钮：用来控制是否对前导"0"加以显示。选中"前导"复选按钮，将不显示十进制尺寸整数"0"，如"0.05"显示为".05"。

2）"后续（T）"复选按钮：用来控制是否对后续"0"加以显示。选中"后续"复选按钮，将不显示十进制尺寸小数后末尾的"0"，如"0.50"显示为"0.5"。

> **提示：**
> ※"辅单位因子（B）"和"辅单位后缀（N）"文本框，只有选中"前导"时才可用。

（4）"角度标注"选项组 "角度标注"选项组用来控制角度尺寸度量单位、精度及尺寸数字中的"0"的显示，该选项组共有四个操作项。

1）"单位格式（A）"下拉列表框：用来设置角度单位。一般选择"十进制度数"（即默认）。

2）"精度（O）"下拉列表框：用来设置角度基本尺寸小数后保留的位数。

3）"前导（D）"复选按钮：用来控制是否对角度尺寸前导"0"加以显示。

4）"后续（N）"复选按钮：用来控制是否对角度尺寸后续"0"加以显示。

6. "换算单位"选项卡

单击"换算单位"按钮，打开"换算单位"选项卡，如图 7-44 所示。该选项卡主要用来换算尺寸的单位格式、精度、前缀和后缀。"换算单位"选项卡在特殊情况时才使用（默认设置为不显示）。该选项卡的设置与"主单位"选项卡基本相同，这里不再赘述。

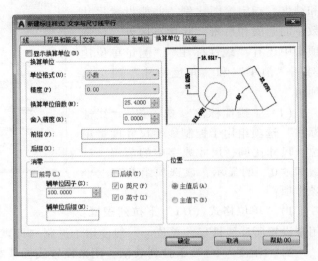

图 7-44 "换算单位"选项卡

7. "公差"选项卡

单击"公差"按钮，打开"公差"选项卡，如图 7-45 所示。该选项卡主要用于控制是否标注尺寸公差及尺寸公差的标注形式、公差值大小、公差数字的高度及位置。

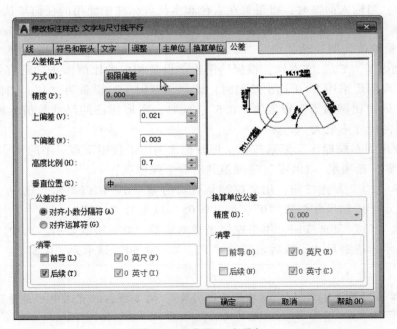

图 7-45 "公差"选项卡

该选项卡的主要应用部分是左边的九个操作项：

1）"方式（M）"下拉列表框：用来指定公差标注的方式，其中包括五个选项。

"无"选项：不标注公差。

"对称"选项：上、下极限偏差同值标注，如图7-46a所示。

"极限偏差"选项：上、下极限偏差不同值标注，如图7-46b所示。

"极限尺寸"选项：用上、下极限尺寸值标注，如图7-46c所示。

"基本尺寸"⊖选项：在公称尺寸数字上加一矩形框，如图7-46d所示。

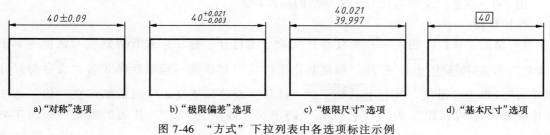

a）"对称"选项　　　b）"极限偏差"选项　　　c）"极限尺寸"选项　　　d）"基本尺寸"选项

图7-46　"方式"下拉列表中各选项标注示例

2）"精度（P）"下拉列表框：用来指定公差值小数点后保留的位数。

3）"上偏差⊖（V）"文本框：用来输入尺寸的上极限偏差值。上极限偏差值默认状态是正值，若是负值应在数字前面输入"－"号。

4）"下偏差⊖（W）"文本框：用来输入尺寸的下极限偏差值。下极限偏差值默认状态是负值，若是正值应在数字前面输入"＋"号。

5）"高度比例（H）"文本框：用来设定尺寸公差数字的高度。该高度是由尺寸公差数字字高与公称尺寸数字高度的比值来确定的。例如，"0.7"指尺寸公差数字的高度是公称尺寸数字高度的70%。

6）"垂直位置（S）"下拉列表框：用来控制尺寸公差相对于公称尺寸的上、下位置，其中包括三个选项。

"上"选项：使尺寸公差数字顶部与公称尺寸顶部对齐，效果如图7-47a所示。

"中"选项：使尺寸公差数字中部与公称尺寸中部对齐，效果如图7-47b所示。

"下"选项：使尺寸公差数字底部与公称尺寸底部对齐，效果如图7-47c所示。

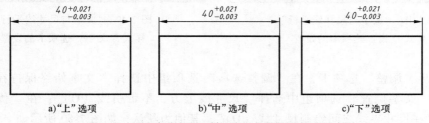

a）"上"选项　　　　　b）"中"选项　　　　　c）"下"选项

图7-47　"垂直位置"下拉列表中各选项标注示例

7）"公差对齐"选项组：用来设置公差对齐的方式是"对齐小数分隔符（A）"还是

⊖　"基本尺寸""上偏差"和"下偏差"在极限与配合标准中的规范术语分别为"公称尺寸""上极限偏差"和"下极限偏差"，但引号中的来自软件，因此暂保留"基本尺寸""上偏差"和"下偏差"。

"对齐运算符（G）"。

8）"前导（L）"复选按钮：用来控制是否对尺寸公差值中的前导"0"加以显示。

9）"后续（T）"复选按钮：用来控制是否对尺寸公差值中的后续"0"加以显示。

7.3.3 创建新标注样式实例

在绘制工程图时，要用到多种标注形式，在标注前应把各种标注形式创建为标注样式，标注时，可将所需的标注样式设置为当前标注样式，以提高绘图效率并且便于修改。

例7-4 创建"文字与尺寸线平行"的标注样式。

操作步骤：

1）单击菜单栏"格式"→"标注样式"命令，打开"标注样式管理器"对话框→单击"新建"按钮 新建 (N) ... ，打开"创建新标注样式"对话框→填写新样式名"文字与尺寸线平行"→单击"继续"按钮 继续 ，打开"新建标注样式"对话框→在"线"选项卡中设置"基线间距"为"7"；设置"超出尺寸线"为"2"，其他为默认，如图7-48所示。

2）打开"文字"选项卡，设置"文字高度（T）"为"3"；在"文字对齐"选项组中选择"与尺寸线对齐"，其他为默认，如图7-49所示。

图7-48 "文字与尺寸线平行"
样式"线"选项卡的设置

图7-49 "文字与尺寸线平行"
样式"文字"选项卡的设置

3）打开"调整"选项卡，在"调整选项"选项组中选择"文字始终保持在尺寸界线之间"；在"文字位置"选项组中选择"尺寸线上方，不带引线（O）"；在"优化"选项组中选择"在尺寸界线之间绘制尺寸线（D）"，其他为默认，如图7-50所示。

4）打开"主单位"选项卡，从"精度（P）"下拉列表中选择"0.0"，其他为默认，如图7-51所示。

5）单击"确定"按钮 确定 ，返回"标注样式管理器"对话框，单击"关闭"按钮 关闭 ，完成"文字与尺寸线平行"样式设置。

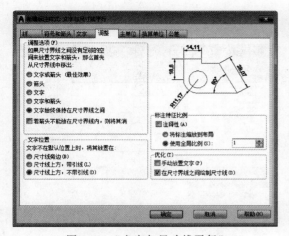

图 7-50 "文字与尺寸线平行"
样式"调整"选项卡的设置

图 7-51 "文字与尺寸线平行"
样式"主单位"选项卡的设置

例 7-5 基于"文字与尺寸线平行"样式,建立"文字水平"的标注样式。

操作步骤:

1)打开"标注样式管理器"对话框,选择"文字与尺寸线平行"样式,如图 7-52 所示。

2)单击"新建"按钮 新建(N)... ,打开"创建新标注样式"对话框,在"新样式名(N)"中输入"文字水平",如图 7-53 所示,单击"继续"按钮 新建(N)... 。

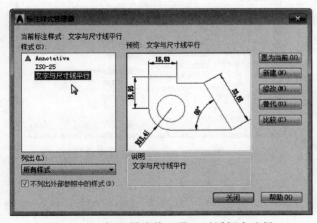

图 7-52 "标注样式管理器"对话框中选择
"文字与尺寸线平行"样式

图 7-53 "创建新标注样式"对话框中输入
"文字水平"新样式名

3)系统弹出"新建标注样式:文字水平"对话框,在"文字"选项卡中,将"与尺寸线对齐"修改为"水平",如图 7-54 所示,其余不变,单击"确定"按钮 确定 ,返回"标注样式管理器"对话框,如图 7-55 所示,单击"关闭"按钮 关闭 ,完成"文字水平"样式设置。

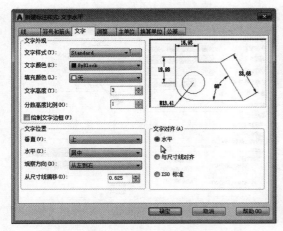

图 7-54 将"与尺寸线对齐"修改为"水平"

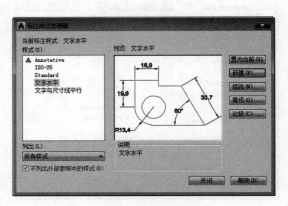

图 7-55 完成"文字水平"样式设置

例 7-6 基于"文字与尺寸线平行"样式,建立"半标注"的标注样式。

操作步骤:

1)打开"标注样式管理器",选择"文字与尺寸线平行"样式,单击"新建"按钮。

2)打开"创建新标注样式"对话框,在"新样式名"中输入"半标注",单击"继续"按钮。

3)系统弹出"新建标注样式:半标注"对话框,在"线"选项卡中,选择隐藏"尺寸线 2(D)"和隐藏"尺寸界线 2(2)",如图 7-56 所示,其余不变,单击"确定"按钮,完成设置。

例 7-7 基于"文字与尺寸线平行"样式,建立"小尺寸"的标注样式。

操作步骤:

1)打开"标注样式管理器",选择"文字与尺寸线平行"样式,单击"新建"按钮。

图 7-56 "半标注"样式设置

2)打开"创建新标注样式"对话框,在"新样式名"中输入"小尺寸",单击"继续"按钮。

3)系统弹出"新建标注样式:小尺寸"对话框,在"符号和箭头"选项卡中,将两个箭头改为"小点",将"箭头大小(I)"改为"2",如图 7-57 所示,其余不变,单击"确定"按钮,完成设置。

例 7-8 基于"文字与尺寸线平行"样式,建立"公差 1"的标注样式。

操作步骤:

1)打开"标注样式管理器",选择"文字与尺寸线平行"样式,单击"新建"按钮。

2)打开"创建新标注样式"对话框,在"新样式名"中输入"公差 1",单击"继续"按钮。

3）系统弹出"新建标注样式：公差1"对话框，在"公差"选项卡中，将"方式（M）"选择为"极限偏差"，将"精度（P）"设置为"0.000"，将"上偏差（V）"设置为"0"，将"下偏差（W）"设置为"-0.021"，将"高度比例（H）"设置为"0.7"，将"垂直位置（S）"选择为"中"，如图7-58所示，其余不变，单击"确定"按钮，完成设置。

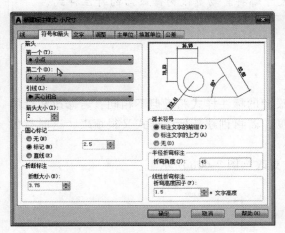

图7-57 "小尺寸"样式设置　　　　图7-58 "公差1"样式设置

提示：

※ 以上创建的标注样式会在"标注样式管理器"对话框的"样式（S）"区显示，如图7-59所示。

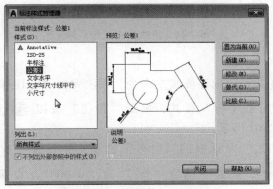

图7-59 创建的各种标注样式

7.3.4 修改标注样式

若要修改某一标注样式，可按以下步骤操作。

1）单击"标注"工具栏中的"标注样式"按钮，系统弹出"标注样式管理器"对话框。

2）在"样式"列表中选择要修改的标注样式，单击"修改"按钮 修改(M)... 。

3）在弹出"修改标注样式"对话框中进行相应的修改（方法与创建新标注样式相同）。

4）修改完成后，单击"确定"按钮，返回"标注样式管理器"对话框，再单击"关闭"按钮即可。

> 提示：
> ※ 该样式修改后，用该样式标注的所有尺寸都将自动更改为修改后的标注样式。

7.3.5　标注样式的替代

标注样式的替代功能用于个别尺寸的标注。

在进行尺寸标注时，常常有个别尺寸与所设置的标注样式相近但不相同，若修改相近的标注样式，将使所有用该样式标注的尺寸都改变，若再创建新标注样式又很烦琐，这时替代功能可以为用户设置一个临时的标注样式。

例 7-9　用替代功能将图 7-60a 标注的尺寸更改为图 7-60b 所示。

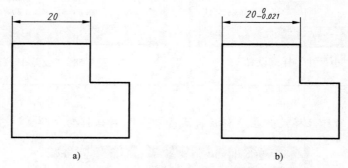

图 7-60　更改标注尺寸示例

操作步骤：

1）单击菜单栏"格式"→"标注样式"命令，系统弹出"标注样式管理器"对话框。

2）选择"文字与尺寸线平行"样式，单击"替代"按钮 替代(O)... ，打开"替代当前样式"对话框，如图 7-61 所示。

3）在"替代当前样式"对话框的"公差"选项卡中设置"方式（M）"为"极限偏差" 极限偏差 ▼ ，设置"精度（P）"为"0.000"，设置"上偏差（V）"为"0"，设置"下偏差（W）"为"0.021"，设置"高度比例（H）"为"0.7"，设置"垂直位置（S）"为"中" 中 ▼ ，如图 7-61 所示。

4）单击"确定"按钮，返回"标注样式管理器"对话框，将自动生成一个临时标注样式，并自动设置为当前标注样式，且在"样式（S）"列表中显示名为"样式替代"。

5）单击"关闭"按钮关闭对话框，进行所需要的标注。

6）替代修改操作如下：

命令：(输入"替代"命令)

当前标注样式：文字与尺寸线平行　　注释性：否(该行为信息行)

图 7-61　"替代当前样式"对话框

输入标注样式选项：

DIMSYLE[注释性(AN)/保存(S)/恢复(R)/状态(ST)/变量(V)/应用(A)]<恢复>：

<u>A</u>↙

DIMSYLE 选择对象：(选择尺寸"20"↙)

单击"确定"按钮以后，图 7-60a 尺寸标注将修改为图 7-60b 标注。

7.4　几何公差

7.4.1　几何公差的代号

几何公差代号主要包括：几何公差的特征符号、几何公差框格和引线、几何公差数值和附加符号及基准符号。公差框格分为两格和多格，第一格为几何公差的特征符号，第二格为几何公差数值和附加符号，第三格和以后各格为基准符号及附加符号。

几何公差的标注形式如图 7-62 所示。

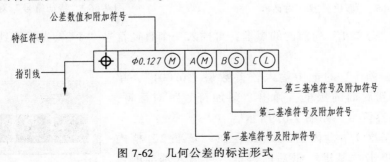

图 7-62　几何公差的标注形式

7.4.2　几何公差标注

用"公差"命令可确定几何公差的注写内容。

1. 输入命令的方式

1）单击"标注"工具栏中的"公差"按钮，如图 7-63 所示。

2）单击菜单栏"标注"→"公差"命令。

3）键盘输入：TOLERANCE ✓ 。

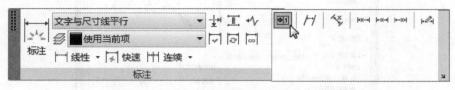

图 7-63 "标注"工具栏中的"公差"按钮

2. 几何公差标注示例

以图 7-64 所示的几何公差框格内容为例来介绍几何公差的标注。

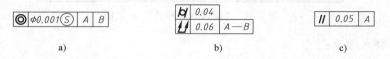

图 7-64 几何公差框格内容示例

（1）绘制图 7-64a 所示几何公差框格内容的操作步骤

1）输入"公差"命令，打开"形位公差"[⊖]对话框，如图 7-65 所示。

2）单击"形位公差"对话框中"符号"列的第一个黑框或第二个黑框，弹出"特征符号"对话框，选择公差项目符号"同轴度"，如图 7-66 所示。

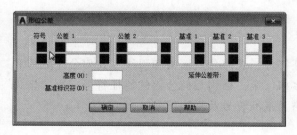

图 7-65 "形位公差"对话框

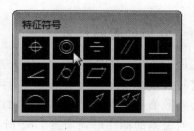

图 7-66 "特征符号"对话框

3）单击"公差 1"列前面的黑框，可插入一个直径符号"Φ"，光标移到"公差 1"的框中。

4）在"公差 1"的框中输入公差数值"0.001"，单击"公差 1"列后面的黑框，弹出"附加符号"对话框，选择相应的包容符号，如图 7-67 所示。

5）在"基准 1"框内输入"A"，在"基准 2"框内输入"B"（单击"基准"框后的黑框，可输入基准的包容要求）。

图 7-67 "附加符号"对话框

⊖ "形位公差"的规范术语是"几何公差"，但鉴于类似处来自软件，因此暂保留"形位公差"。

6）完成几何公差设置，如图 7-68 所示，单击"确定"按钮，绘图界面出现公差框格，拖动光标确定位置，完成几何公差标注，如图 7-64a 所示。

（2）绘制图 7-64b 所示几何公差框格内容的操作步骤

1）输入"公差"命令。

2）打开"形位公差"对话框，设置各项内容如图 7-69 所示。

3）单击"确定"按钮，完成设置。

4）在绘图界面确定框格位置，完成标注。

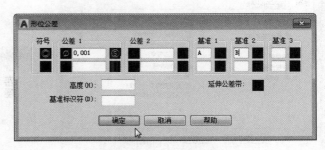

图 7-68　几何公差设置（一）

（3）绘制图 7-64c 所示几何公差框格内容的操作步骤

1）输入"公差"命令。

2）打开"形位公差"对话框，设置各项内容如图 7-70 所示。

3）单击"确定"按钮，完成设置。

4）在绘图界面确定框格位置，完成标注。

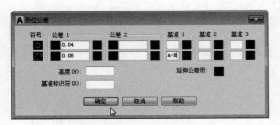

图 7-69　几何公差设置（二）

图 7-70　几何公差设置（三）

提示：

※"高度（H）"和"延伸公差带"可用于添加延伸公差带，一般情况下不用选择。

※ 公差框格内的文字高度、字体均由当前标注样式控制。

7.4.3　"快速引线"标注几何公差

用"公差"命令标注的几何公差框格不带引线和箭头，其引线和箭头需要用"多重引线"命令绘制，因此该方法标注几何公差不太方便。通常用"快速引线"（QLEADER）命令来标注几何公差，其操作方法如下。

命令：（输入"快速引线"命令）

指定第一个引线点或 [设置（S）] <设置>:S↙

确定后系统弹出"引线设置"对话框，如图 7-71 所示。选择"公差"选项，单击"确定"按钮 确定 ，打开"形位公差"对话框，设置公差框格中的各项内容，如图 7-72 所示。

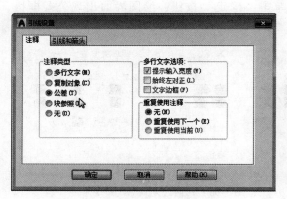

图 7-71 "引线设置"对话框

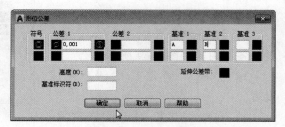

图 7-72 "形位公差"对话框设置示例

其他操作与上述"公差"命令标注操作方法相同，用此方法可标注带引线的几何公差，其效果如图 7-73 所示。

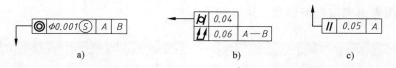

a)   b)   c)

图 7-73 用"快速引线"命令标注几何公差示例

7.5 编辑标注

当一个尺寸标注完成后，根据绘图的需要也可以进行修改编辑。下面介绍几种编辑标注命令。

7.5.1 倾斜

1. 输入命令的方式

1）单击"标注"工具栏中的"倾斜"按钮，如图 7-74 所示。

2）单击菜单栏"标注"→"倾斜"命令。

3）键盘输入：DIMEDIT（DIMED）✓。

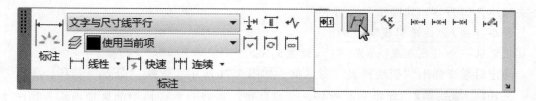

图 7-74 "标注"工具栏中的"倾斜"按钮

2. 命令的操作（图 7-75）

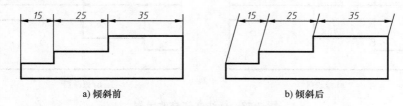

a) 倾斜前　　　　　　　　　b) 倾斜后

图 7-75　用"倾斜"命令修改标注尺寸

命令：(输入"倾斜"命令)

DIMDIT 输入标注编辑类型[默认(H)/新建(N)/旋转(R)/倾斜(O)]<默认>:_O　(默认"倾斜"选项)

DIMEDIT 选择对象:(单击要修改的尺寸↙)

DIMEDIT 输入倾斜角度:75 ↙

提示行中其他各选项的含义如下：

"默认（H）"：将所选择尺寸标注回退到未编辑前的状况。提示选择需要回退的尺寸，按<Enter>键结束。

"新建（N）"：可修改尺寸数字。打开多行文字编辑器，输入新的尺寸数字，然后提示选择更新的尺寸，按<Enter>键结束。

"旋转（R）"：可旋转尺寸数字。提示指定文字的旋转角度，选择对象，按<Enter>键结束。

7.5.2　文字角度

1. 输入命令的方式

1）单击"标注"工具栏中的"文字角度"按钮，如图 7-76 所示。

2）单击菜单栏"标注"→"对齐文字"→"角度"命令。

3）键盘输入：DIMTEDIT（DIMTED）↙。

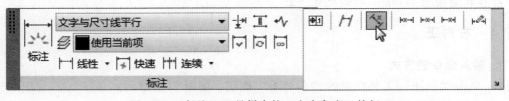

图 7-76　"标注"工具栏中的"文字角度"按钮

2. 命令的操作

命令：(输入"文字角度"命令)

DIMTEDIT 选择标注:(单击需要编辑的尺寸)

DIMTEDIT 为标注文字指定新位置或[左对正(L)/右对正(R)/居中(C)/默认(H)/角度(A)]:A↙

DIMTEDIT 指定标注文字的角度:(输入文字的旋转角度)↙

修改效果如图 7-77b 所示的尺寸"15"。

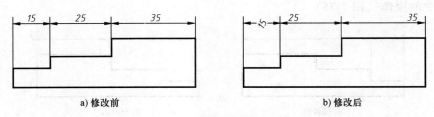

a) 修改前   b) 修改后

图 7-77　标注文字修改示例

7.5.3　左对正

1. 输入命令的方式

1）单击"标注"工具栏中的"左对正"按钮，如图 7-78 所示。

2）单击菜单栏"标注"→"对齐文字"→"左对正"命令。

3）键盘输入：DIMTEDIT（DIMTED）✓。

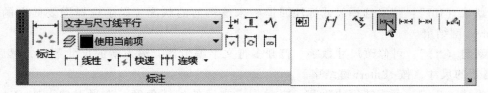

图 7-78　"标注"工具栏中的"左对正"按钮

2. 命令的操作

命令：(输入"左对正"命令)

DIMTEDIT 选择标注：(单击需要编辑的尺寸)

DIMTEDIT 为标注文字指定新位置或[左对正(L)/右对正(R)/居中(C)/默认(H)/角度(A)]：L✓

修改效果如图 7-77b 所示的尺寸"25"。

7.5.4　右对正

1. 输入命令的方式

1）单击"标注"工具栏中的"右对正"按钮，如图 7-79 所示。

2）单击菜单栏"标注"→"对齐文字"→"右对正"命令。

3）键盘输入：DIMTEDIT（DIMTED）✓。

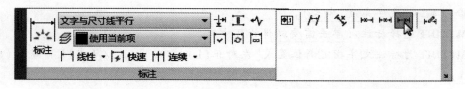

图 7-79　"标注"工具栏中的"右对正"按钮

2. 命令的操作

命令:(输入"右对正"命令)

DIMTEDIT 选择标注:(单击需要编辑的尺寸)

DIMTEDIT 为标注文字指定新位置或[左对正(L)/右对正(R)/居中(C)/默认(H)/角度(A)]:R↙

修改效果如图 7-77b 所示的尺寸 35。

7.5.5 折弯标注

"折弯标注"命令可以在已有线性尺寸的尺寸线上加一个折弯。

1. 输入命令的方式

1)单击"标注"工具栏中的"折弯标注"按钮,如图 7-80 所示。

2)单击菜单栏"标注"→"折弯线性"命令。

3)键盘输入:DIMJOGLINE ↙。

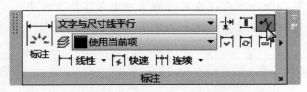

图 7-80 "标注"工具栏中的"折弯标注"按钮

2. 命令的操作

命令:(输入"折弯标注"命令)

DIMJOGLINE 选择要添加折弯的标注或[删除(R)]:(选择一个线性尺寸)

DIMJOGLINE 指定折弯位置(或按<Enter键>:(指定折弯位置)

用"折弯"命令修改尺寸标注的示例如图 7-81 所示。

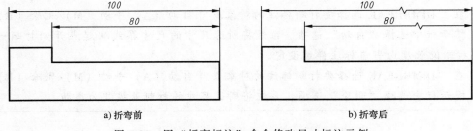

a)折弯前　　　　　　　　　　　　　　　b)折弯后

图 7-81 用"折弯标注"命令修改尺寸标注示例

7.5.6 标注打断

"标注打断"命令可以将已有线性尺寸的尺寸线或尺寸界线按指定位置删除一部分。

1. 输入命令的方式

1)单击"标注"工具栏中的"打断"按钮,如图 7-82 所示。

2)单击菜单栏"标注"→"标注打断"命令。

3)键盘输入:DIMBREAK ↙。

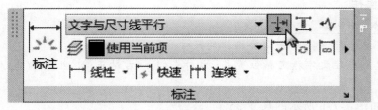

图 7-82 "标注"工具栏中的"打断"按钮

2. 命令的操作

命令:(输入"标注打断"命令)

DIMBREAK 选择要添加/删除折断的标注[多个(M)]:(单击要打断的尺寸)

DIMBREAK 选择要打断标注的对象或[自动(A)/手动(M)/删除(R)]<自动>:(选择"手动"选项)

DIMBREAK 指定第一个打断点:(在尺寸线上指定第一个打断点)

DIMBREAK 指定第二个打断点:(在尺寸线上指定第二个打断点)

用"标注打断"命令修改尺寸标注示例如图 7-83 所示。

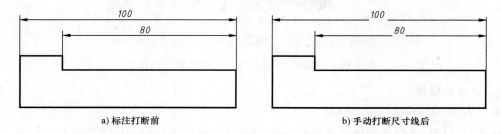

a) 标注打断前　　　　　　　　　　　　b) 手动打断尺寸线后

图 7-83 用"标注打断"命令修改尺寸标注示例

提示:

※ 在"DIMBREAK 选择要打断标注的对象或 [自动 (A)/手动 (M)/删除 (R)]<自动>:"提示行中选择"自动"选项,系统将所选尺寸的尺寸界线从起点开始打断一段长度,其打断的长度由当前标注样式设定。

※ 在"DIMBREAK 选择要打断标注的对象或 [自动 (A)/手动 (M)/删除 (R)]<自动>:"提示行中选择"删除"选项,系统将所选尺寸的打断处恢复为原状。

7.5.7　检验

"检验"命令可以在选中尺寸的尺寸数字前后加注所需的文字,并可在尺寸数字与加注的文字之间绘制分隔线并加注外框。

1. 输入命令的方式

1) 单击"标注"工具栏中的"检验"按钮,如图 7-84 所示。

2) 单击菜单栏"标注"→"检验"命令。

3) 键盘输入:DIMINSPECT ↙。

2. 命令的操作

1）输入"检验"命令后，系统将弹出"检验标注"对话框，如图7-85所示。

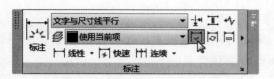

图7-84 "标注"工具栏中的"检验"按钮　　　　图7-85 "检验标注"对话框

2）在该对话框中进行相应的设置，单击"选择标注"按钮 返回绘图界面，选择需要修改的尺寸，再右击返回"检验标注"对话框，然后单击"确定"按钮完成修改。

效果如图7-86所示。

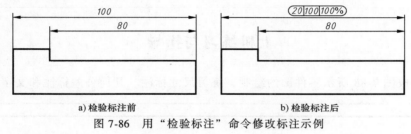

图7-86 用"检验标注"命令修改标注示例

①"检验标注"对话框中"形状"选项组有三个单选按钮，用来选定在加注的文字上加画外框的形状，若选择"无"，则不加外框和分隔线。

② 若选中"检验标注"对话框中"标签"复选按钮，则可在其下的文本框中输入要加注在尺寸数字前的文字。

③ 若选中"检验标注"对话框中"检验率"复选按钮，则可在其下的文本框中输入要加注在尺寸数字后的文字。

7.5.8 更新

"更新"命令可以将已有尺寸的标注样式改为当前标注样式。

1. 输入命令的方式

1）单击"标注"工具栏中的"更新"按钮，如图7-87所示。

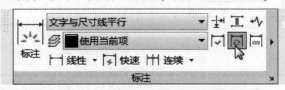

图7-87 "标注"工具栏中的"更新"按钮

2）单击菜单栏"标注"→"更新"命令。

3）键盘输入：DIM STYLE（DIMSTY） ↙。

2. 命令的操作

命令：(输入"更新"命令)

DIMSTYLE 选择对象：(选择要更新为当前样式的尺寸)

DIMSTYLE 选择对象：(继续选择，或按<Enter>键结束命令)

7.5.9　特性

"特性"命令可以全方位地修改一个尺寸，该命令不仅能修改所选尺寸的颜色、图层、线型，还可以修改尺寸的各项设定内容，而且不改变标注样式。

提示：

※ 标注个别半剖尺寸时，可以先将其标注为完整尺寸，再用"特性"命令修改，这是一种实用的标注方法。

※ 标注连续小尺寸时，中间的尺寸起止符需要设为"小圆点"，可以先用"直线"样式标注尺寸，再用"特性"命令修改，这也是一种实用的标注方法。

上机练习与指导

7-1　完成图 7-88 所示零件图的绘制，练习尺寸标注、几何公差标注和文字注写。

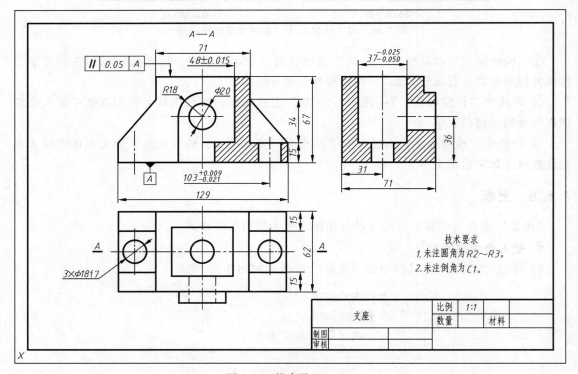

图 7-88　综合练习（一）

提示：

※ 打开"A3 零件图横放"样板和标题栏或绘制 A3（420mm×297mm）零件图图框。

※ 设置图层。

※ 绘制图形。

※ 设置标注样式，并标注尺寸。

※ 标注几何公差及基准符号。

※ 注写文字。

7-2　用 A3 图幅，以 2∶1 的比例抄画图 7-89 所示的零件图，练习尺寸标注、几何公差标注和文字注写。

提示：

※ 先按 1∶1 的比例抄画零件图的视图。

※ 将视图用"缩放"命令放大两倍（比例因子为 2）。

※ 设置标注样式（将"主单位"选项卡中的"比例因子（E）"文本框设置为"0.5"），并标注尺寸。

※ 标注几何公差及基准符号。

※ 注写文字。

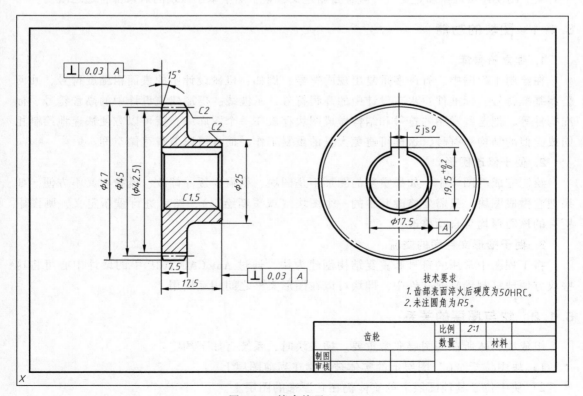

图 7-89　综合练习（二）

第8章 零件图与装配图的绘制

8.1 创建和使用图块

图块简称为块。在 AutoCAD 中，块被当作一个单一的实体来处理，利用 AutoCAD 中的图块功能，可把一图或多图常用的一组实体定义为块，绘图时根据需要将制作的图块插入到图中的任意位置，插入时可以指定比例和旋转角度来改变它的大小和方向，并可以方便地修改它。如果需要对组成图块的单个图形对象进行修改，则可以利用"分解"命令把图形分解成若干个对象。图块还可以重新定义，一旦被重新定义，整个图中基于该块的对象都将随之改变。

8.1.1 图块的功能

1. 建立符号库

在绘制工程图中，有许多重复出现的符号，例如：机械设计中的表面粗糙度符号、几何公差基准符号、标准件；水工设计中的高程符号、示波线；房屋建筑设计中的高程符号、标准构件等。把这些常用的符号和结构做成图块存放在一个图库中，就可以方便快速地绘制相同或类似的结构和符号，这样可避免大量的重复工作，而且可以节省存储空间。

2. 便于修改图形

绘制完成的图样中，如果重复的图形不是图块，就需要逐一修改，既费时又不方便。如果把它做成图块，只需要修改其中的一个图块（或重新绘制），然后进行重新定义，则图中所有的该图形均会自动修改。

3. 便于图形文件间的交流

将工程图中常用的符号和重复结构创建为块，通过 AutoCAD 2019 中的设计中心可将这些块方便地复制到当前文件中，即块可以在图形文件之间相互调用。

8.1.2 块与图层的关系

组成块实体所在的图层非常重要。插入块时，系统有如下约定：

1）块中位于"0"图层上的实体被绘制在当前图层上。

2）块中位于其他图层上的实体仍在它原来的图层上。

3）若没有与块同名的图层，则系统将给当前图形增加相应的图层。

8.1.3 创建和使用普通图块

普通块用于形状和文字内容都不变的情况，如工程图中的对称符号等。在创建图块之前，首先绘制出要创建为图块的图形，然后输入命令将其定义成图块。

1. 创建普通块

用"创建块"命令可以在当前图形文件中创建块。

图 8-1 "块定义"工具栏中的
"创建块"按钮

（1）输入命令的方式

1）单击功能区"插入"→"块定义"工具栏中的"创建块"按钮，如图 8-1 所示。

2）单击菜单栏"绘图"→"块"→"创建（M）"命令。

3）键盘输入：BLOCK↙。

（2）命令的操作　输入"创建块"命令后，系统弹出如图 8-2 所示的"块定义"对话框。

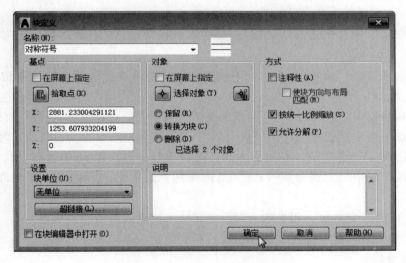

图 8-2 "块定义"对话框

操作步骤如下：

1）输入要创建的块名称。在"名称（N）"文本框中输入要创建块的名称，如"对称符号"。

2）确定块的插入点。单击"基点"选项组中的"拾取点（K）"按钮，进入绘图状态，同时命令行出现提示：

BLOCK 指定插入基点：（在图上指定块的插入点）

指定插入点后，又重新显示"块定义"对话框。

提示：

※ 也可以通过在"拾取点"按钮下边的"X""Y""Z"文本框中输入坐标值来指定插入点。

3）选择要定义的实体。单击"对象"选项组中的"选择对象（T）"按钮 ⊕ ，进入绘图状态，同时命令行出现提示：

BLOCK 选择对象：(选择要定义的实体)

BLOCK 选择对象：↙

选择实体后，又重新显示"块定义"对话框。

4）进行相关的设置，完成创建。根据需要设定其他操作项，然后单击"确定"按钮，完成创建。

"块定义"对话框中其他操作项的含义：

"对象"选项组中"保留（R）"单选按钮：定义块后，以原特性保留用来定义块的实体。

"对象"选项组中"转换为块（C）"单选按钮：定义块后，将定义块的实体转换为块。

"对象"选项组中"删除（D）"单选按钮：定义块后，删除当前图形中定义块的实体。

"对象"选项组中"快速选择"按钮 ⊞ ：单击该按钮，可从随后弹出的对话框中定义选择集。

"设置"选项组中"块单位（U）"下拉列表框：用来选择块插入时的单位。一般使用默认选项"无单位"。

"方式"选项组中"注释性（A）"复选按钮：选中它，所创建的块将成为注释性对象。

"方式"选项组中"按统一比例缩放（S）"复选按钮：选中它，在块插入时，X 和 Y 方向以同一比例缩放；不选中它，在块插入时，可沿 X 和 Y 方向以不同比例缩放。

"方式"选项组中"允许分解（P）"复选按钮：选中它，所创建的块允许用"分解"命令分解。

右下角"说明"文本框：用来输入对所定义块的用途或其他相关描述。

左下角"在块编辑器中打开"复选按钮：需要设置动态块时应选中它。

2. 使用普通块

用"插入"命令可以将已创建的图块插入到当前图形文件中，也可以选择某图形文件作为块插入到当前图形文件中。

（1）输入命令的方式

1）单击"块"工具栏中的"插入"按钮，如图8-3所示。

2）单击菜单栏"插入"→"块"命令。

3）键盘输入：INSERT ↙ 。

（2）命令的操作　输入命令后，系统弹出如图8-4所示的"插入"对话框。

图8-3　"块"工具栏中的
"插入"按钮

操作步骤如下：

1）选择块。从"插入"对话框的"名称"下拉列表中选择一种块，如图8-4中的"对称符号"。

若单击窗口右边的"浏览（B）"按钮，则可从随后弹出的对话框中指定路径，选择一个块文件，被选中的块文件名将出现在"插入"对话框的"名称（N）"下拉列表框中。

2）指定插入点、缩放比例和旋转角度。若定义块时选中了"按统一比例缩放"复选按钮，则"插入"对话框中"统一比例"复选按钮将灰显，即不可用。

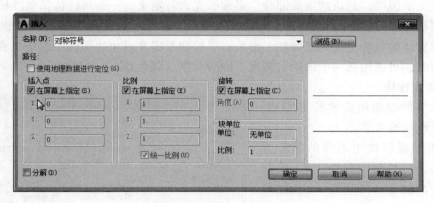

图 8-4　"插入"对话框

如图 8-4 所示，将"插入点""比例"和"旋转"三项都选中，单击"确定"按钮，系统退出"插入"对话框，进入绘图状态，同时命令行将出现提示：

INSERT 指定插入点或[基点（B）/比例（S）/旋转（R）]：(在屏幕上用对象捕捉指定插入点)

INSERT 指定比例因子<1>：(若不改变大小直接按<Enter>键，若改变大小应从键盘输入比例因子或拖动光标指定)

INSERT 指定旋转角度<0>：(若不改变角度直接按<Enter>键，若改变角度应从键盘输入块插入点旋转角度或拖动光标指定)

提示：

※ "插入点"：用来指定图块插入点的位置，通常选择"在屏幕上指定"。

※ "缩放比例"：用来指定图块插入点在 X、Y、Z 方向的缩放比例，通常选择"在屏幕上指定"。若输入小于"1"的比例因子，则图块插入时缩小；反之放大。当比例因子输入负值时，图块将对称插入（镜像图），如图 8-5b 所示插入一个二极管图块，插入后得到对称图形。

※ "旋转"：用来指定插入时图块的旋转角度。"在屏幕上指定"和"角度"两者只能选一，通常选择"在屏幕上指定"。图 8-6 所示为设置旋转角度示例。

a) X、Y比例因子均为"1"　　b) X、Y比例因子均为"-1"

图 8-5　插入镜像的二极管

a) 原角度　　　　　b) 旋转角度为60°

图 8-6　设置旋转角度示例

8.1.4 创建和使用属性块

当块图形中需要加入与图形相关的文字信息时，应对该图块定义属性。这些属性是对图形的标识或文字说明，是块的组成部分，必须事先进行定义。一个属性包括属性标记和属性值，一个图块可以有多个属性，每个属性只能有一个标记，属性值可以是常量也可以是变量。定义带属性的块前应先定义属性，然后将属性和要定义成块的图形一起定义成块。在插入这种图块时，可以用同一个图块名插入不同的文字（属性值）。

1. 创建属性块

下面以零件表面粗糙度符号为例，说明创建属性块的方法。

（1）绘制属性块中不变的部分
在尺寸图层上，按制图标准 1：1 绘制出块中不变的部分"√"（表面粗糙度代号）。

（2）定义块中内容需要变化的文字　单击菜单栏"绘图"→"块"→"定义属性"命令后，系统弹出"属性定义"对话框，如图 8-7 所示。

"属性定义"对话框中共有四个选项组，其功能含义如下。

1）"模式"选项组。用于设置属性的模式。

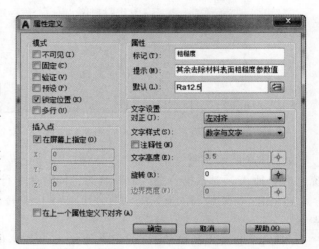

图 8-7 "属性定义"对话框

① "不可见（I）"复选按钮：勾选此复选按钮，属性为不可见显示方式，即插入图块并输入属性值后，属性在图中并不显示出来。

② "固定（C）"复选按钮：勾选此复选按钮，属性值为常量，即属性值在属性定义时给定，在插入图块时系统不再提示输入属性值。

③ "验证（V）"复选按钮：勾选此复选按钮，当插入图块时，系统重新显示属性值，提示用户验证该值是否正确。

④ "预设（P）"复选按钮：勾选此复选按钮，当插入图块时，系统自动把事先设置好的默认值赋予属性，而不再提示输入属性值。

⑤ "锁定位置（K）"复选按钮：锁定块参照中属性的位置。解锁后，属性可以相对于使用夹点编辑块的其他部分移动，并且可以调整多行文字属性的大小。

⑥ "多行（U）"复选按钮：勾选此复选按钮，可以指定属性值包含多行文字，也可以指定属性的边界宽度。

2）"属性"选项组。用于定义属性的标记、提示及默认值。

① "标记（T）"文本框：输入属性标签。属性标签可由除空格和感叹号以外的任何字符组成，系统自动把小写字母改为大写字母。

② "提示（M）"文本框：输入属性提示。创建图块时系统要求输入属性值的提示，如果不在此文本框中输入文字，则以属性标签作为提示。如果在"模式"选项组中勾选"固

定"复选按钮，即设置属性为常量，则不需要设置属性提示。

③"默认（L）"文本框：设置默认的属性值。可把使用次数较多的属性值作为默认值，也可以不设置默认值。

如图8-7所示，在"标记（T）"文本框中输入"粗糙度"；在"提示"文本框中输入"其余去除材料表面粗糙度参数值"；在"默认"文本框中输入"Ra12.5"或其他。

3）"插入点"选项组。用于确定属性标志及属性值的起始点位置。选择"在屏幕上指定（O）"复选按钮，可以直接在图形中指定属性标志及属性值的起始点位置。

4）"文字设置"选项组。用于设置与属性文字有关的选项。如图8-7所示，从"对正（J）"下拉列表中选择"左对齐"对正模式，从"文字样式（S）"下拉列表中选择"数字与文字"文字样式，在"文字高度（E）"文本框中输入属性文字的高度"3.5"，在"旋转（R）"文本框中输入文字行的旋转角度"0"。

单击"确定"按钮关闭"属性定义"对话框，进入绘图状态，指定属性文字的插入点，完成属性文字的创建，图形将显示"粗糙度"。

5）"在上一个属性定义下对齐（A）"复选按钮。勾选此复选按钮表示把属性标签直接放在前一个属性的下面，而且该属性继承前一个属性的文本样式、文字高度和倾斜角度等特性。

（3）定义带属性的块　定义带属性的块的步骤是：先给要定义的块图形定义属性，然后用前面介绍的方法将该图形和属性一起定义成同一个块。

在"块定义"工具栏中单击"创建块"按钮，系统弹出"块定义"对话框，在该对话框中以"粗糙度"为要定义的实体，以图形符号的最下点为块的插入点，创建名称为"其余去除材料表面粗糙度参数值"的块。单击"确定"按钮后，系统关闭"块定义"对话框，并弹出"编辑属性"对话框，单击"确定"按钮，完成属性块的创建，图形中显示"粗糙度"。

2. 使用属性块

在"块"工具栏中单击"插入"按钮，选择属性块"其余去除材料表面粗糙度参数值"，指定插入点、比例因子和旋转角度后，AutoCAD 2019将弹出"编辑属性"对话框，如图8-8所示。将"其余去除材料表面粗糙度参数值"中的"Ra12.5"改为"Rz25"，确定后系统将插入一个属性块"Rz25"。

8.1.5　修改图块

1. 修改普通块或块中不动的部分

修改普通块或块中不动的部分的方法是：先修改有同名块中的任意一个（修改前应先分解该块或重新绘制），然后以相同的块名再用"创建块"命令重新定义一次，重新定义后，系统将立刻修改图形文件中已插入的同名块。

图8-8　"编辑属性"对话框

2. 修改已插入的属性块

如果要对已插入的属性块进行修改，只需要双击某属性文字，即可打开"增强属性编辑器"对话框，如图8-9所示。在"属性"选项卡中可修改"值（V）"，例如将原值"Rz25"修改为"Ra1.6"，确定后图中的"Rz25"即可变成"Ra1.6"。

当属性块中有多个属性文字时（如装配图中的明细栏行），应先选择该对话框"属性"选项卡列表中要修

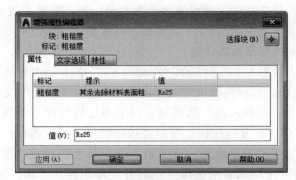

图8-9 "增强属性编辑器"对话框中的
"属性"选项卡

改的属性文字，选择后系统在"值（V）"文本框将显示该属性文字值，在此输入一个新值，单击"确定"按钮即完成修改。

"增强属性编辑器"对话框中有三个选项卡，选择"文字选项"选项卡可修改属性文字样式、高度等，如图8-10所示；选择"特性"选项卡可修改属性文字的图层、线型、颜色等，如图8-11所示。

图8-10 "增强属性编辑器"对话框中的
"文字选项"选项卡

图8-11 "增强属性编辑器"对话框中的
"特性"选项卡

8.2　创建零件图

在绘制工程图时，每次绘图都要重新设置绘图环境是一件很烦琐的事。为了加快绘图速度，减少重复操作，创建样图是一个较好的途径。样图就是把每次都需要设置的绘图环境做成样板文件，下次新建文件时直接调用即可。

8.2.1　新建样板文件

以A3图幅横放（420mm×297mm）为例，操作步骤如下：

（1）设置图层（见第1章）　常用的图层有粗实线、细实线、点画线、虚线、双点画线、文字、尺寸等。其中粗实线线宽设置为"0.35"，其余均为"0.15"。

（2）设置线型比例　线型比例设置为"1"。

（3）设置文字样式 字体样式设置为"数字与文字"，字体设置为"宋体"，宽度因子设置为"0.7"或"0.8"，其余项为默认。

（4）设置标注样式 标注样式中先设置"文字与尺寸线平行"和"文字水平"两种，其他内容可在需要时再进行设置。

（5）绘制图框、标题栏（图8-12）

1）调用"细实线"层，用"矩形"命令绘制420mm×297mm的图框。

2）用"偏移"命令将图框向内偏移。

3）将内侧的细实线图框换到"粗实线"层。

4）绘制标题栏，尺寸可参考图6-28所示。

5）填写标题栏。

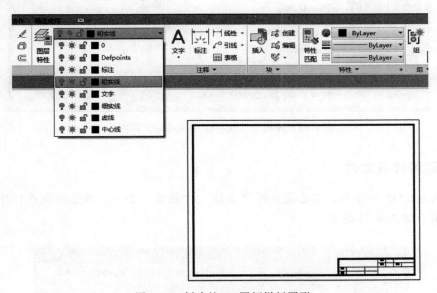

图8-12 创建的A3图幅样板图形

（6）创建常用图块（表面粗糙度图块、几何公差基准图块、剖切符号图块等） 设置完成后，将文件命名保存（A3图幅横放），保存的类型为"AutoCAD图形样板"，文件扩展名为".dwt"，如图8-13所示。

工程图的图幅有A0、A1、A2、A3和A4五种，分横放和竖放，因此可以将"图形界限"和"图幅边框"修改后，另存为多个图形样板文件。

在"文件名"文本框中将默认的文件名改为："A3横放""A3竖放"等。

8.2.2 将已存在的图形另存为样板文件

为了操作简单，快捷设置绘图环境样板文件，可以将已经存在的图形文件另存为样板文件。因为已存在的图形文件在绘制时，已经设置了常用的绘图环境等内容，所以可以利用其设置创建样板文件。方法是：首先打开一个已经保存的图形文件，然后用"删除"命令将图形文件中的图形删除，并且补充其中没有设置的内容，再将该图形文件命名另存为样板文件。

图 8-13 样板文件保存在 Template 文件夹中

8.2.3 调用样板文件

启动 AutoCAD 2019 后，单击菜单栏"文件"→"新建"命令，系统将自动打开"选择样板"对话框，如图 8-14 所示。

图 8-14 "选择样板"对话框

在图 8-14 中，可以选择用户自己建立的图形样板文件，也可以选择符合我国制图标准的图形样板文件，单击"打开"按钮，进入绘图界面。

8.3　绘制零件图的基本方法

零件图是制造和检验零件的依据。零件图的内容包括：零件的结构表达、尺寸和精度要求、表面粗糙度和几何公差要求、材料及热处理要求等。

8.3.1　绘制零件图的一般步骤

1）根据零件视图的数量和尺寸确定绘图的比例和图幅的大小（尽量采用 1∶1 比例）。

2）调用一张样板文件图（或新建一张图，设置该零件的绘图环境）。

3）按 1∶1 的比例绘制零件图（绘图前按下"极轴""对象捕捉""对象追踪"按钮）。

> **提示：**
>
> ※如果零件图的比例为放大或缩小，则可以先按 1∶1 绘制视图，再用"缩放"命令将图形放大或缩小。
>
> ※采用缩小比例时，1∶1 绘制的视图可能在图框中放不下，可以先画在图框外面，将图形缩小后，再用"移动"命令将图形移动到图框内部。

4）标注尺寸。

> **提示：**
>
> ※当零件图的比例为放大或缩小时，要注意修改标注样式的比例与其对应。例如，图形比例因子为 2（放大），"标注样式"中"主单位"选项卡中的"比例因子"要设置为 0.5（缩小），但标注的尺寸数字与原尺寸数字相同，与图形大小无关。

5）标注相关的技术要求（表面粗糙度符号、几何公差要求等）。

6）填写标题栏、注写技术要求及其他文字说明。

7）保存文件。

8.3.2　绘制零件图示例

为了讲解装配图方便，现以绘制定位器中的各零件为例说明绘制零件图的方法。

例 8-1　用 2∶1 的比例绘制"支架"零件图，如图 8-15 所示。

操作步骤：

1）在"E 盘"下，新建一个文件夹，命名为"定位器零件图"（将定位器上的几个零件图都保存在此文件夹中）。

2）根据零件的比例和尺寸，调出 A4 横放的样板图。

3）将样板图"另存为"到"E 盘/定位器零件图"文件夹中，图形名称为"支架.dwg"。

4）1∶1 抄画图 8-15 所示"支架"零件图的两个视图并填充剖面线。

5）用"缩放"命令将视图放大 2 倍。

6）打开"标注样式管理器"对话框，将各种标注样式进行修改。方法是修改"主单

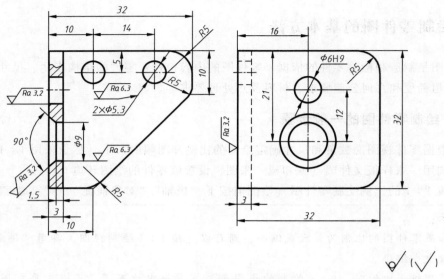

图 8-15 "支架"零件图

位"选项卡中的"比例因子",将"1"改为"0.5"。

7）标注尺寸和相关的技术要求。

8）填写标题栏和其他文字。

9）单击"保存"按钮,保存文件。

提示:

※ 在绘图过程中要经常单击"标准"工具栏中的"保存"按钮,以避免文件丢失。

例 8-2 用 2∶1 的比例绘制"定位轴"零件图,如图 8-16 所示。

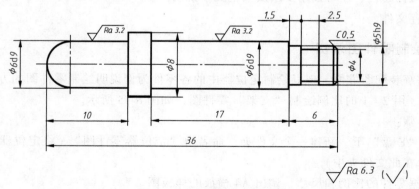

图 8-16 "定位轴"零件图

操作步骤:

1）用"打开"命令,打开"支架"零件图。

2）用"删除"命令删除"支架"图形,单击"保存"按钮,将文件保存到"E 盘/定位器零件图"文件夹中,图形名称为"定位轴.dwg"。

3）1∶1抄画图8-16所示"定位轴"零件图。

4）用"缩放"命令将视图放大2倍。

5）标注尺寸和相关的技术要求。

6）填写标题栏和其他文字。

7）单击"保存"按钮，保存文件。

> **提示：**
>
> ※由于在"支架"零件图中已经将标注样式修改完毕，因此，通过打开"支架"零件图绘制"定位轴"零件图，在标注尺寸前不用修改标注样式。

例8-3　用2∶1的比例绘制"套筒"零件图，如图8-17所示。

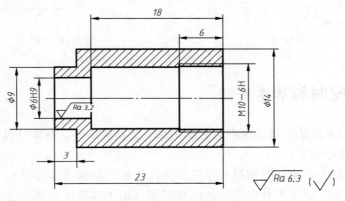

图8-17　"套筒"零件图

操作步骤：

1）用"打开"命令，打开"支架"零件图。

2）用"删除"命令删除"支架"图形，单击"标准"工具栏中的"保存"按钮，将文件保存到"E盘/定位器零件图"文件夹中，图形名称为"套筒.dwg"。

其他方法与前例相同。

例8-4　用2∶1的比例绘制"盖"零件图，如图8-18所示。

操作步骤：

1）用"打开"命令，打开"支架"零件图。

2）用"删除"命令删除"支架"图形，单击"标准"工具栏中的"保存"按钮，将文件保存到"E盘/定位器零件图"文件夹中，图形名称为"盖.dwg"。

其他方法与前例相同。

例8-5　用2∶1的比例绘制"把手"零件图，如图8-19所示。

操作步骤：

1）用"打开"命令，打开"支架"零件图。

2）用"删除"命令删除"支架"图形，单击"标准"工具栏中的"保存"按钮，将文件保存到"E盘/定位器零件图"文件夹中，图形名称为"把手.dwg"。

其他方法与前例相同。

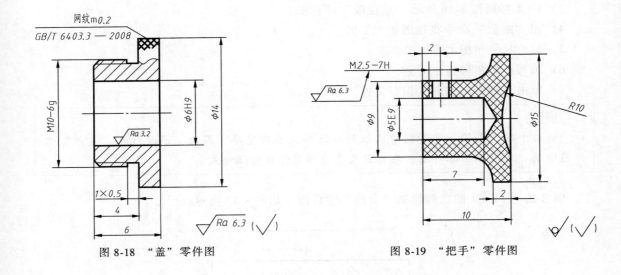

图 8-18　"盖"零件图　　　　　　　　　　　图 8-19　"把手"零件图

8.4　绘制装配图的基本方法

装配图主要用来表达机器的原理、装配关系、传动路线等。在设计过程中，装配图与零件图之间的绘制顺序如下：

1）先画装配图，再由装配图拆画零件图（用于新产品的设计过程）。

2）先画零件图，再由零件图组装画出装配图（用于零部件的测绘过程）。

本节主要介绍第二种方法：先有零件图，再由零件图绘制装配图。

绘制装配图的常用方法有：用插入图块的方法绘制装配图，用复制—粘贴的方法绘制装配图，用插入文件的方法绘制装配图，用外部参照关系绘制装配图。本节只介绍用插入图块的方法绘制装配图和用复制—粘贴的方法绘制装配图。

8.4.1　用插入图块的方法绘制装配图

操作步骤：

1）先按尺寸绘制出装配图所需要的各零件图，不标注尺寸，分别定义成图块。

2）设置装配图所需要的图幅，画出图框、标题栏、明细栏等，设置绘图环境或调用样板文件。

3）用插入图块的方法分别将各零件图中的图形插入到装配图中。

4）用"分解"命令将图块打散，按装配关系修改图形。

5）标注装配尺寸，绘制装配图序号，填写明细栏和标题栏，注写技术要求等。

6）命名并保存，完成装配图绘制。

8.4.2　用复制—粘贴的方法绘制装配图

操作步骤：

1）先按尺寸绘制出装配图所需要的各零件图。

2）关闭各零件图的尺寸标注层（或零件图不标注尺寸）。

3）设置装配图所需要的图幅，画出图框、标题栏、明细栏等，设置绘图环境或调用样板文件。

4）分别将各零件图中的图形复制到剪贴板，然后粘贴到装配图中。

5）按装配关系修改粘贴后的图形，修剪切掉多余线段，补画上所缺的线段。

6）标注装配尺寸，绘制装配图序号，填写明细栏和标题栏，注写技术要求等。

7）命名并保存，完成装配图绘制。

例 8-6 用复制—粘贴的方法绘制定位器装配图，如图 8-20 所示（比例为 2∶1）。

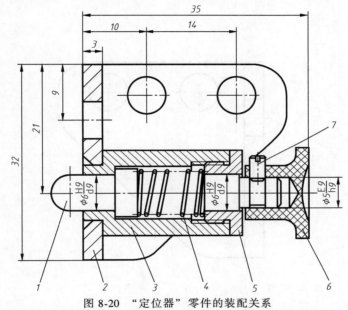

图 8-20 "定位器"零件的装配关系

1—定位轴 2—支架 3—套筒 4—压簧 5—盖 6—把手 7—螺钉

操作步骤：

1）调用 A4 装配图样板文件或绘制 A4 图幅图框（竖放）及设置绘图环境。

2）单击"打开"按钮，打开"选择文件"对话框。在"E 盘/定位器零件图"中选择"支架"零件文件，单击"打开"按钮，打开"支架"零件图。

3）在"图层"工具栏中，将"支架"零件图中的尺寸标注图层关闭，如图 8-21 所示。

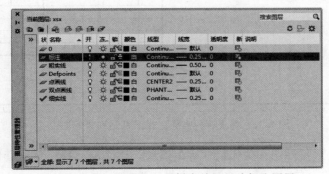

图 8-21 在"图层"工具栏中关闭尺寸标注图层

4）单击"标准"工具栏上的"复制到剪贴板"命令，用窗口选择装配图所需要的图形（主视图），确定后完成图形的复制。

5）将复制的支架主视图粘贴到装配图的图框中，如图 8-22 所示。

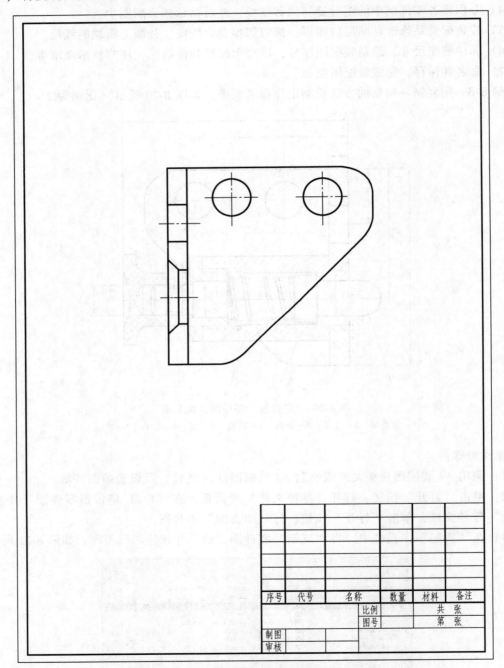

序号	代号	名称	数量	材料	备注
			比例		共 张
			图号		第 张
制图					
审核					

图 8-22　将复制的支架主视图粘贴到装配图中

6）打开"套筒"零件图，关闭尺寸标注图层，删除剖面线，复制套筒图形，将其粘贴到装配图的图框中。

7）如图 8-23 所示，按照装配关系，用"移动"命令将图形插入到支架 $\phi9\text{mm}$ 孔中，移动时要注意基点位置。用"修剪"命令删除多余线段。

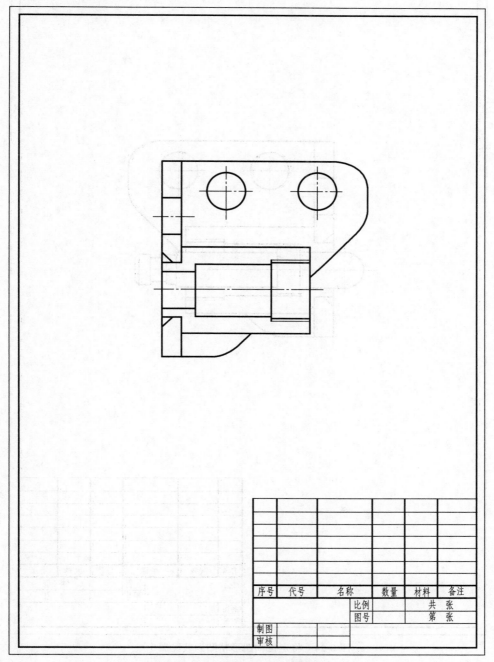

图 8-23　将套筒图形粘贴到装配图中

8）打开"定位轴"零件图，关闭尺寸标注图层，复制定位轴图形，将其粘贴到装配图的图框中。

9）如图 8-24 所示，按照装配关系，用"移动"命令将图形插入到套筒孔中。用"修剪"命令删除多余的线段。

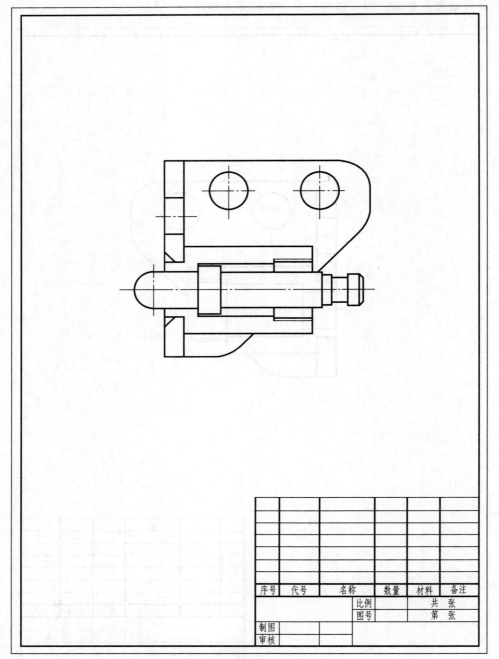

序号	代号	名称	数量	材料	备注
		比例		共	张
		图号		第	张
制图					
审核					

图 8-24　将定位轴图形粘贴到装配图中

10）打开"盖"零件图，关闭尺寸标注图层，删除剖面线，复制盖图形，将其粘贴到装配图的图框中。

11）如图 8-25 所示，按照装配关系，用"移动"命令将图形插入到套筒孔中，移动时要注意基点位置的确定。用"修剪"命令删除多余的线段。

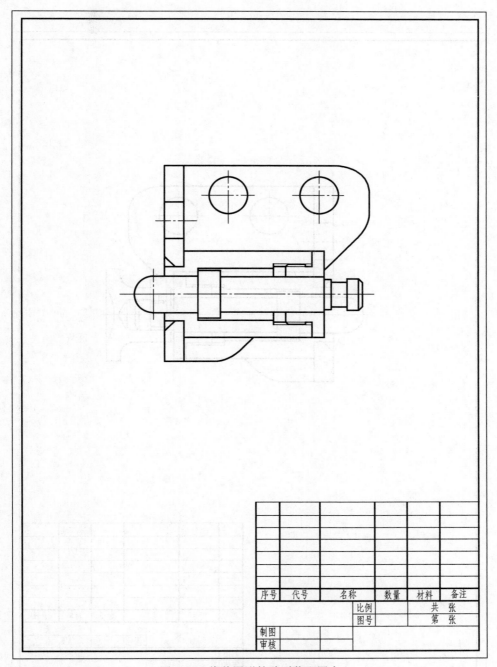

序号	代号	名称	数量	材料	备注
			比例		共 张
			图号		第 张
制图					
审核					

图 8-25 将盖图形粘贴到装配图中

12）打开"把手"零件图，关闭尺寸标注图层，删除剖面线，复制把手图形，将其粘贴到装配图的图框中。

13）如图 8-26 所示，按照装配关系，用"移动"命令将图形插入到定位轴的右侧，移动时要注意基点位置的确定。插入标准件"螺钉"M5×8，用"修剪"命令删除掉多余线段。

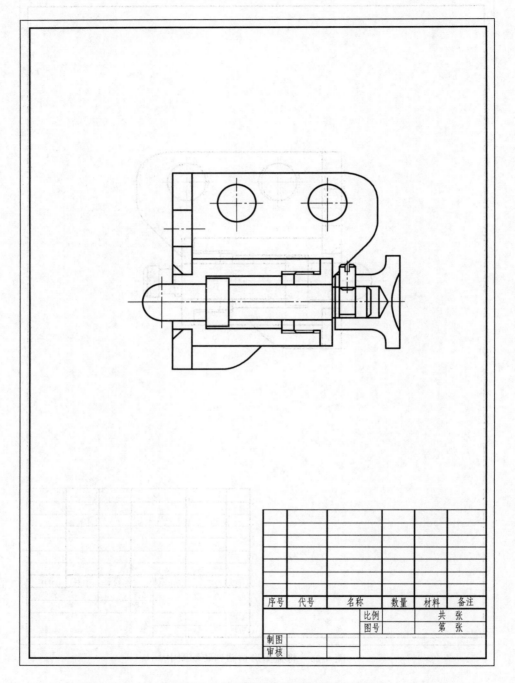

序号	代号	名称	数量	材料	备注
		比例		共	张
		图号		第	张
制图					
审核					

图 8-26   将把手图形粘贴到装配图中

14）绘制弹簧、绘制剖面线、标注装配尺寸、编写装配图序号、填写明细栏和标题栏、注写技术要求等，如图 8-27 所示。

15）命名并保存，完成装配图的绘制。

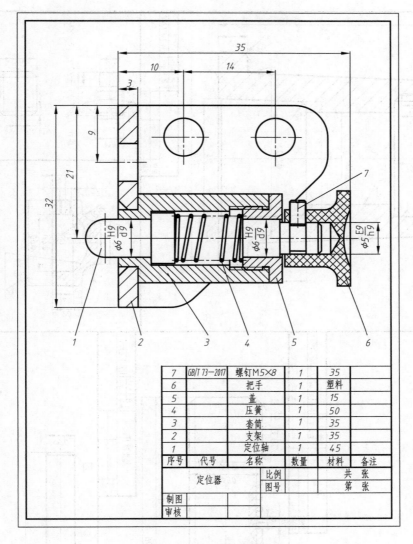

图 8-27 定位器装配图

上机练习与指导

8-1 绘制图 8-15～图 8-19 所示定位器的各零件图（比例为 2∶1）。

8-2 绘制图 8-27 所示定位器的装配图（比例为 2∶1）。

8-3 绘制图 8-28 所示千斤顶的各零件图。

8-4 绘制图 8-29 所示千斤顶的装配图。

8-5 绘制图 8-30 所示一级减速器的各零件图。

8-6 根据图 8-31 所示的一级减速器装配示意图来绘制其装配图。

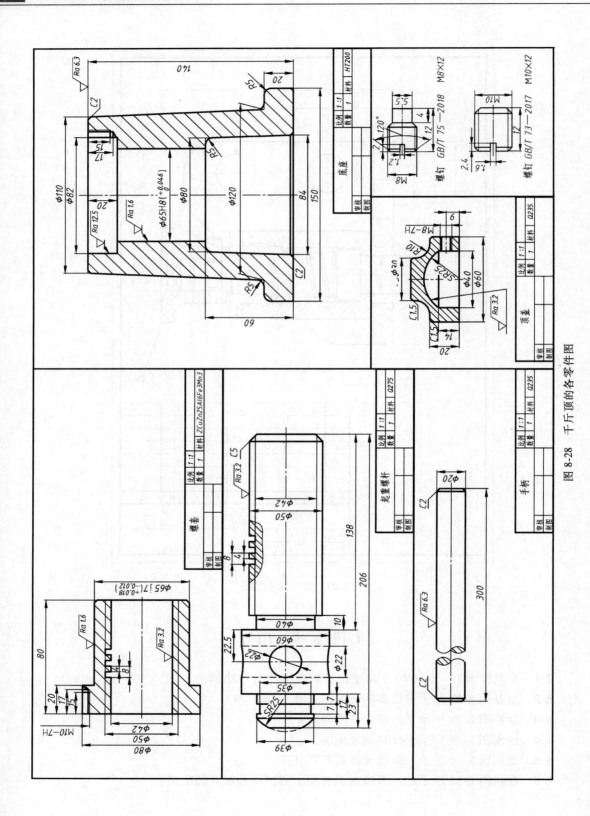

图 8-28　千斤顶的各零件图

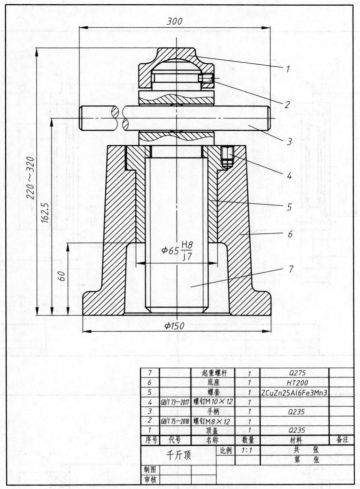

7		起重螺杆	1	Q275	
6		底座	1	HT200	
5		螺套	1	ZCuZn25Al6Fe3Mn3	
4	GB/T 73−2017	螺钉M10×12	1		
3		手柄	1	Q235	
2	GB/T 75−2018	螺钉M8×12	1		
1		顶盖	1	Q235	
序号	代号	名称	数量	材料	备注

千斤顶		比例	1:1	共　张	
				第　张	
制图					
审核					

图 8-29　千斤顶的装配图

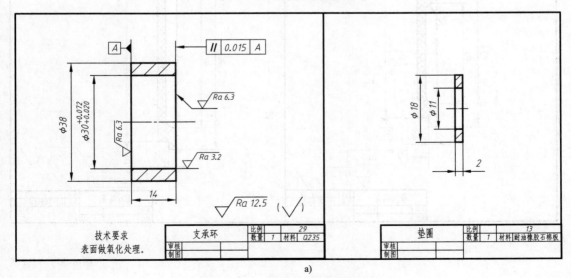

a)

图 8-30　一级减速器的各零件图

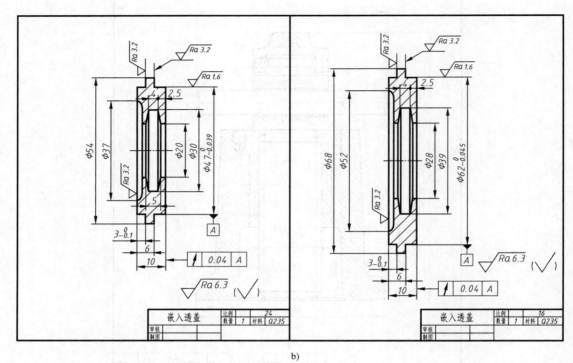

b)

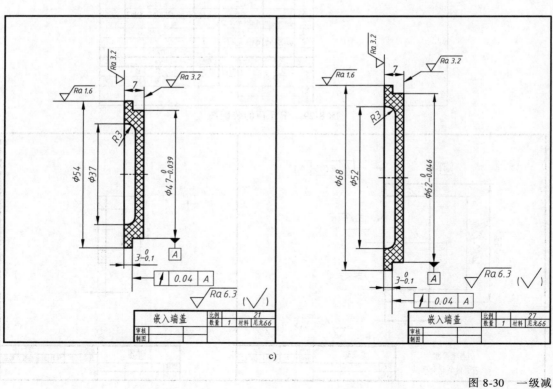

c)

图 8-30　一级减

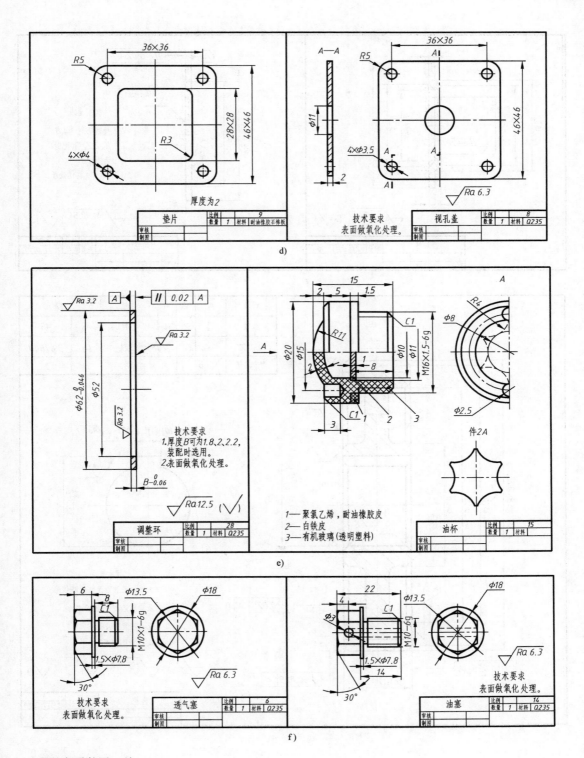

速器的各零件图（续）

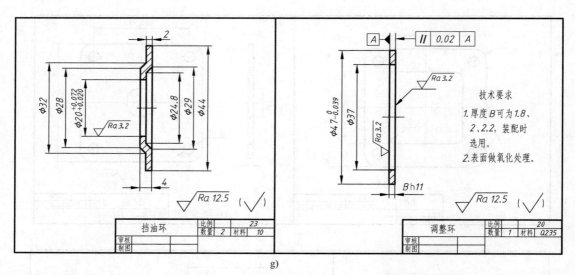

g)

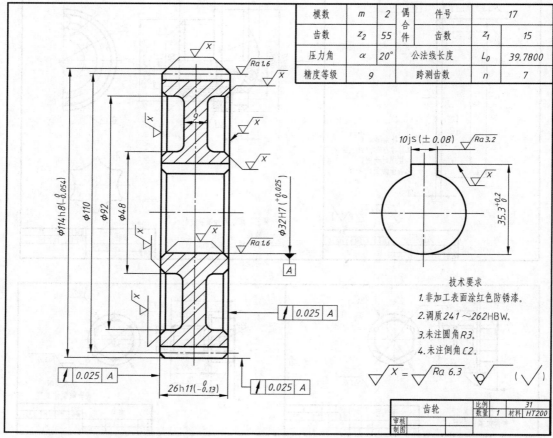

模数	m	2	偶合件	件号		17
齿数	z_2	55		齿数	z_1	15
压力角	α	20°	公法线长度	L_0		39.7800
精度等级		9	跨测齿数	n		7

技术要求

1. 非加工表面涂红色防锈漆。

2. 调质241～262HBW。

3. 未注圆角R3。

4. 未注倒角C2。

齿轮	比例		31
	数量	1	材料 HT200
审核			
制图			

h)

图 8-30 一级减

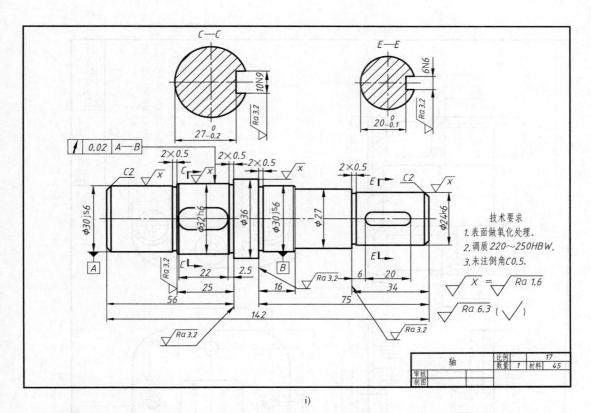

i)

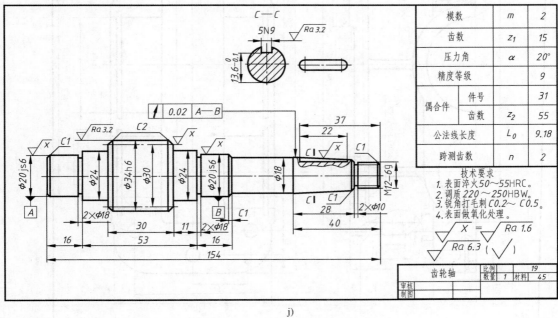

模数	m	2
齿数	z_1	15
压力角	α	20°
精度等级		9
偶合件	件号	31
	齿数 z_2	55
公法线长度	L_0	9.18
跨测齿数	n	2

技术要求
1. 表面淬火50～55HRC。
2. 调质 220～250HBW。
3. 锐角打毛刺C0.2～C0.5。
4. 表面做氧化处理。

j)

速器的各零件图（续）

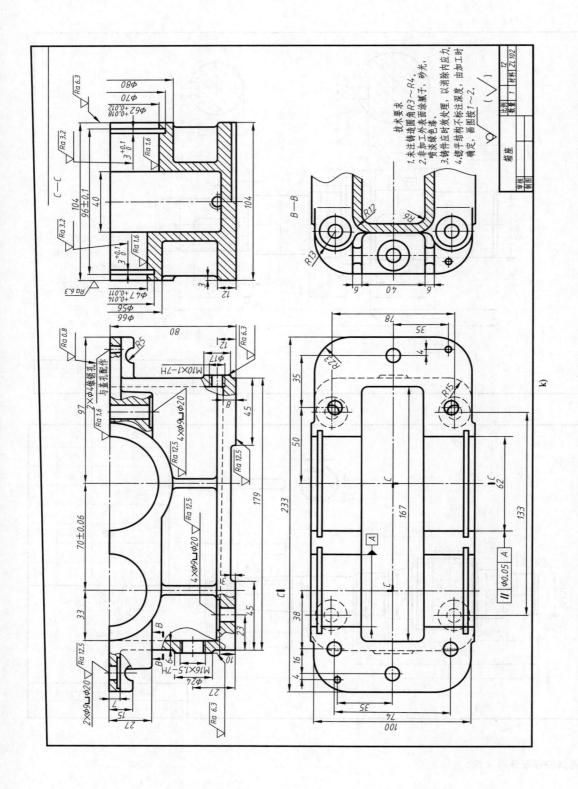

k)

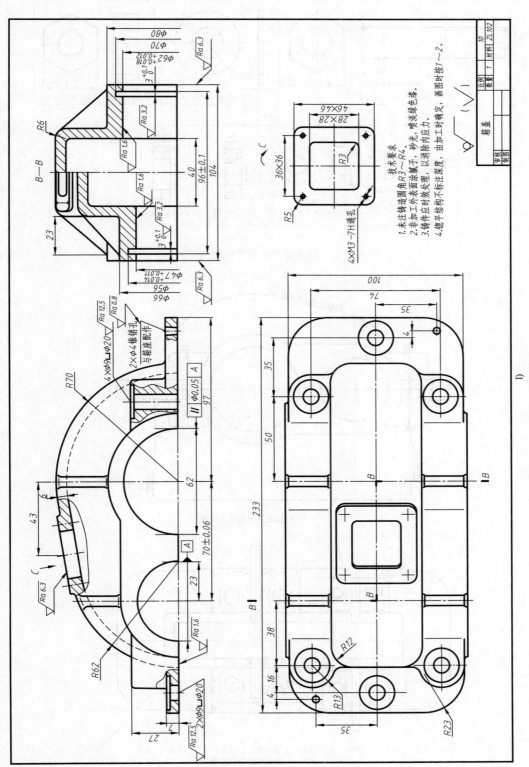

技术要求
1. 未注铸造圆角 R3～R4。
2. 非加工外表面涂腻子、砂光，喷浅绿色漆。
3. 铸件应时效处理，以消除内应力。
4. 总平缝结构不标注深度，由加工时确定，画图时按 1～2。

图 8-30 一级减速器的各零件图（续）

229

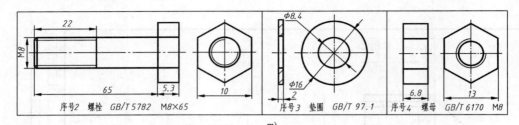

m)

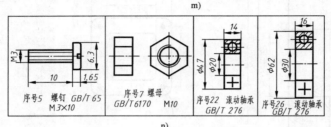

n)

图 8-30　一级减速器的各零件图（续）

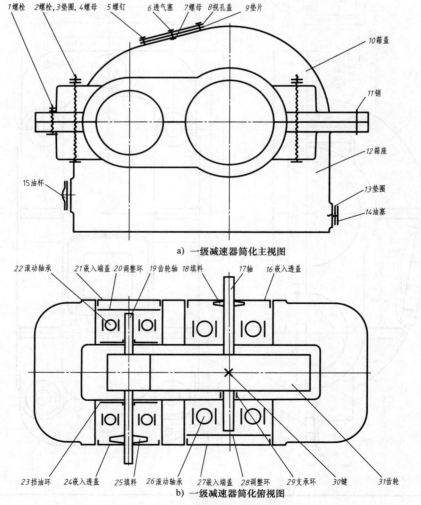

1螺栓　2螺栓,3垫圈,4螺母　5螺钉　6透气塞　7螺母　8视孔盖　9垫片

10箱盖

11销

12箱座

13垫圈

14油塞

15油杯

a) 一级减速器简化主视图

22滚动轴承　21嵌入端盖　20调整环　19齿轮轴　18填料　17轴　16嵌入透盖

23挡油环　24嵌入透盖　25填料　26滚动轴承　27嵌入端盖　28调整环　29支承环　30键　31齿轮

b) 一级减速器简化俯视图

图 8-31　一级减速器的各装配示意图

第9章 辅助绘图工具

9.1 AutoCAD 2019 设计中心的功能及使用

AutoCAD 2019 设计中心提供了管理、查看和重复利用图形的强大工具与工具选项板功能，用户可以通过设计中心浏览本地资源，甚至从 internet 上下载文件，可以将符号库或一张图样的图层、图块、文字样式、尺寸标注样式、线型、布局等复制到当前图形中来。利用设计中心的"搜索"功能可以方便地查找到已有图形文件和存放在各处的图块、文字样式、尺寸标注样式、图层等。

9.1.1 AutoCAD 2019 设计中心的启动与窗口组成

1. 启动 AutoCAD 2019 设计中心

输入命令的方式如下：

1）单击功能区"视图"→"选项板"→"设计中心"按钮 ▦，如图 9-1 所示。

2）单击菜单栏"工具"→"选项板"→"设计中心"命令。

3）键盘输入：ADCENTER（ADC）↙。

图 9-1 "选项板"面板中的"设计中心"按钮

执行上述操作后，系统打开"设计中心"选项板，如图 9-2 所示。第一次打开设计中心时，默认打开"文件夹"选项卡。内容显示区采用大图标显示，左边的资源管理器采用树状显示方式显示系统的树形结构，浏览资源的同时，在显示区显示所浏览资源的有关细目或内容。

可以利用光标拖动边框的方法来改变 AutoCAD 设计中心资源管理器和内容显示区以及 AutoCAD 绘图区的大小，但内容显示区的最小尺寸应能显示两列大图标。

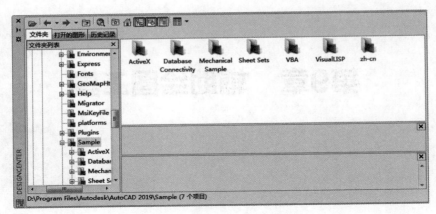

图 9-2 "设计中心"选项板

如果要改变 AutoCAD 设计中心的位置，则可以按住鼠标左键拖动它，松开鼠标左键后，AutoCAD 设计中心便处于当前位置，到新位置后仍可以改变窗口的大小；也可以通过设计中心边框左上方的"自动隐藏"按钮 来自动隐藏设计中心。

2. 设计中心窗口的组成

（1）工具栏 设计中心窗口的上方是工具栏，共有 11 个按钮，如图 9-3 所示。

图 9-3 设计中心窗口的"工具栏"

其几个主要按钮的功能如下。

1）"加载"按钮 ：可将选定的内容加入设计中心的内容显示框。

2）"搜索"按钮 ：可打开"搜索"对话框使用搜索功能。

3）"收藏夹"按钮 ：将打开 Windows 系统下的 Favorites/Autodesk 文件夹，以便快速查找。

4）"主页"按钮 ：用于从联机的设计中心返回主页。

5）"树状图切换"按钮 ：控制左边窗口的打开与关闭。

6）"预览"按钮 ：控制显示框（右边窗口）下部图形预览区的打开与关闭。

7）"说明"按钮 ：控制显示框下部文字预览区的打开或关闭。

8）"视图"按钮 ：控制显示框中内容的显示方式（可选"大图标""小图标""列表""详细资料"）。

（2）选项卡 工具栏下方有三个选项卡及相关内容的显示，如图 9-4 所示。

各选项卡的功能如下：

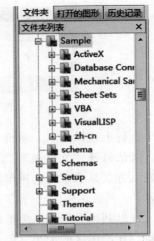

图 9-4 三个选项卡及相关内容

1）"文件夹"选项卡：类似于 Windows 的资源管理器，左边以树状结构显示系统的所有资源，右边则是某个文件夹中打开的内容显示。

2）"打开的图形"选项卡：如果在左侧树状结构中选择一个图形文件，则右侧的窗口中将显示出 12 个项目（包括"标注样式""表格样式""布局""多重引线样式""截面视图样式""局部视图样式""块""视觉样式""图层""外部参照""文字样式""线型"），如图 9-5 所示。

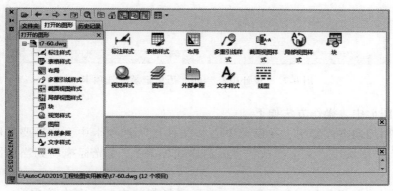

图 9-5 "设计中心"的"打开的图形"选项卡

若双击右侧图标中的某一个，则将打开该图标中所包含的内容。例如，双击"块"图标，将显示该图形文件中所有的块名称及图形形状；单击某图块的名称，在右侧显示框的下部将显示该图块的名称，在右侧显示框的下部预览区内将显示该图块的形状，如图 9-6 所示。

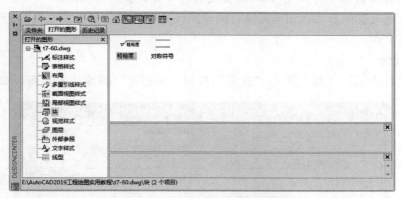

图 9-6 在"设计中心"选择某图块

此时，若右击该图块，则可从快捷菜单中选择"插入块"命令。打开块"插入"对话框，可按指定的比例或旋转角度将该图块插入到图形中。

3）"历史记录"选项卡：将显示出设计中心最近访问过的图形文件的位置和名称，如图 9-7 所示。

9.1.2 设计中心的常用功能

1. 复制功能

利用设计中心可以很方便地把其他图形文件中的图层、块、文字样式、标注样式、线型

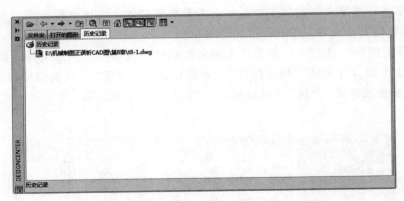

图 9-7 "设计中心"的"历史记录"选项卡

等复制到当前图形中，操作方法如下：

方法一：用拖动方式复制。在设计中心"文件夹"选项卡中，选择要复制的一个或多个内容（"块""图层""文字样式""标注样式"等），用光标拖动到当前图形中即完成复制。

方法二：用剪贴板复制。在设计中心选择要复制的内容，右击该内容，选择"复制"命令，在当前窗口中右击绘图区，选择"粘贴"即可完成复制。

2．打开图形文件功能

方法一：用右键菜单打开图形文件。在设计中心的内容显示框中，右击某图形文件名，选择"在应用程序窗口中打开"，即可将该文件打开并设置为当前图形。

方法二：拖动某图形文件到当前窗口的绘图区外（在工具栏上或在命令行上均可），即可打开该图形文件。

3．查找功能

单击"设计中心"工具栏上的"搜索"按钮，可打开"搜索"对话框，如图 9-8 所示。

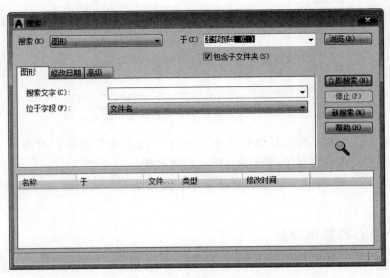

图 9-8 "搜索"对话框

在"搜索"下拉列表中可选择要查找的图形内容（如"图形""图层""文字样式"等），在"于（I）"下拉列表中可指定要搜索的位置，在"搜索文字（C）"中可填写要搜索的文字，在"位于字段（F）"中可指定文件名、标题、主题、作者或关键字。

9.2 工具选项板

如果把 AutoCAD 的符号库或自建的符号库添加到工具板上，则可方便地使用符号库中的符号或自建的符号。

输入命令的方式如下：

1）单击功能区"视图"→"选项板"→"工具选项板"按钮 ，如图 9-9 所示。

2）单击菜单栏"工具"→"选项板"→"工具选项板"命令。

3）键盘输入：TOOLPALETTES ↙。

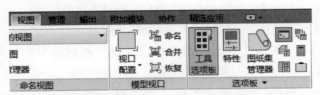

图 9-9 "选项板"面板中的"工具选项板"按钮

执行上述操作后，系统打开默认或上次所设置的"工具选项板"内容，如图 9-10 所示。

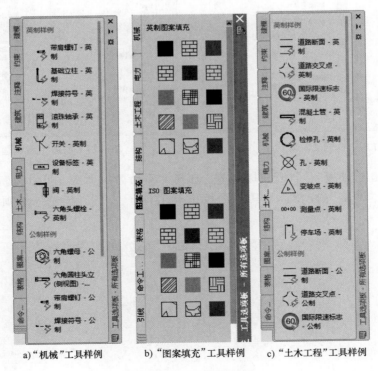

a)"机械"工具样例   b)"图案填充"工具样例   c)"土木工程"工具样例

图 9-10 工具选项板

9.2.1 默认的工具选项板

在工具选项板中，系统设置了一些常用的图形选项卡，这些常用图形可以方便用户使用，如图9-10所示。

9.2.2 自建的工具选项板

绘图时，用户还可以将常用命令添加到工具选项板中。其输入命令的方式如下：

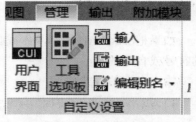

1）单击功能区"管理"→"自定义设置"→"工具选项板"按钮，如图9-11所示。

2）单击菜单栏"工具"→"自定义"→"工具选项板"命令。

图9-11 "自定义设置"面板的
"工具选项板"按钮

3）键盘输入：CUSTOMIZE ↙。

执行上述操作后，系统打开"自定义"对话框，如图9-12所示。

在"选项板"列表中右击，打开快捷菜单，选择"新建选项板"命令，在"选项板"列表中出现一个"新建 选项板"，如图9-13所示。

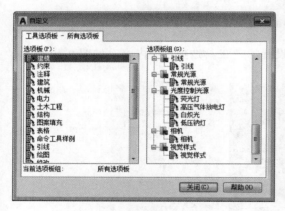

图9-12 "自定义"对话框

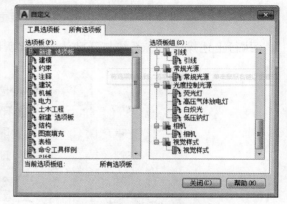

图9-13 添加"新建选项板"

右击"新建 选项板"，打开快捷菜单，选择"重命名"命令，可以为新建的选项板命名，然后单击"确定"按钮，工具选项板中就增加了一个"新建"选项卡，如图9-14所示。

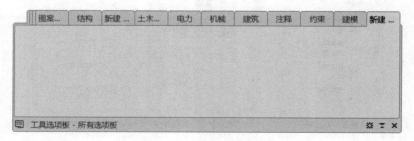

图9-14 "新建"选项卡

9.2.3　向工具选项板中添加内容

打开"设计中心"窗口，在"文件夹"选项卡中选中某文件夹，右侧的内容显示框中将显示出该文件夹中的图形文件，如图 9-15 所示。

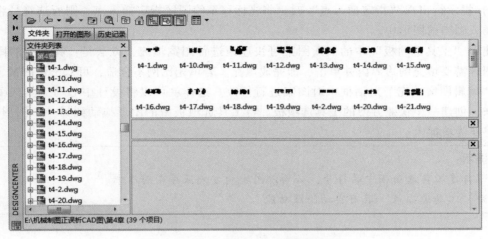

图 9-15　在"设计中心"选择添加内容

右击某文件夹，从快捷菜单中选择"创建块的工具选项板"命令，如图 9-16a 所示。设计中心中存储的图元就出现在新建工具选项板上，如图 9-16b 所示。

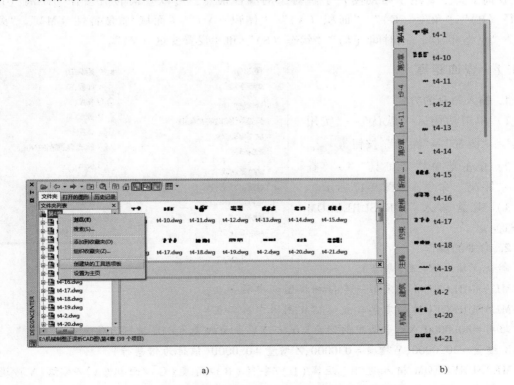

a)　　　　　　　　　　　　　　　　　b)

图 9-16　将存储图元创建成"设计中心"工具选项板

9.2.4 使用工具选项板

使用工具选项板的操作步骤如下:

1)打开工具选项板,将光标移至要选择的符号并单击,即选中该符号。

2)提示行出现"指定插入点"时,将光标移至绘图区指定插入点,则所选符号将作为图块插入到当前图形中。

使用"工具选项板"中的 ISO 图案可快速地进行图案填充,方法是:将选中的图案移至绘图区需要填充的边界内并单击,即完成填充。若填充比例不合适,可双击该图案,在弹出的"编辑图案填充"对话框中对图案进行修改。这样就可以将设计中心与工具选项板结合起来,创建一个快捷方便的工具选项板。将工具选项板中的图形拖动到另一个图形中时,图形将作为块插入。

> **提示:**
> ※自建工具选项板中的符号,必须以图块的方式保存在图库中。
> ※"工具选项板"具有自动隐藏功能。

9.3 对象查询

查询工具主要用于帮助用户了解对象的属性信息,可以查询的信息有"距离(D)""半径(R)""角度(G)""面积(A)""体积(V)""面域/质量特性(M)""列表(L)""点坐标(I)""时间(T)""状态(S)"和"设置变量(V)"。

9.3.1 查询距离

1. 输入命令的方式

1)单击功能区"默认"→"实用工具"→"测量"→"距离"按钮 ↔ 距离。

2)单击菜单栏"工具"→"查询"→"距离"命令,如图 9-17 所示。

3)键盘输入:MEASUREGEOM(DIST) ↙。

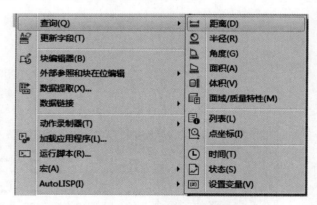

图 9-17 "工具"→"查询"→"距离"命令

2. 命令的操作

命令:(输入"距离"命令)

MEASUREGEOM 指定第一点:(捕捉图形中第一点)

MEASUREGEOM 指定第二点:(捕捉图形中第二点)

距离 = 30.0000,XY 平面中的倾角 = 0,与 XY 平面的夹角 = 0(该行为信息行)

X 增量 = 30.0000,Y 增量 = 0.0000,Z 增量 = 0.0000(该行为信息行)

MEASUREGEOM 输入选项[距离(D)/半径(R)/角度(G)/面积(A)/体积(V)/退出(X)]<距离>:若从中选择某个选项,可以继续查询其他项目。

9.3.2 查询对象状态

1. 输入命令的方式

1）单击菜单栏"工具"→"查询"→"状态"命令。

2）键盘输入：STATUS↙。

2. 命令的操作

选择对象后输入"状态"命令，系统出现文本窗口，显示所选对象的状态，包括对象的各种参数状态以及对象所在磁盘的使用状态，如图9-18所示。

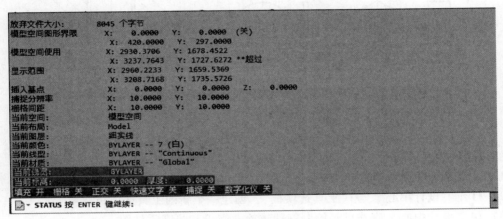

图9-18 显示文本窗口

上机练习与指导

9-1 利用设计中心的复制功能为新文件复制建立图层、线型、文字样式、标注样式、块等。

操作提示：

1）打开磁盘上已有的图形文件（或样板文件），以下称旧文件。

2）新建一图形文件，设置图幅、调出线框并将新建的文件置于当前窗口。

3）打开设计中心（"标准工具栏"/"设计中心"），在"打开的图形"选项卡中，可见到上述两个图形文件的文件名。

4）单击旧文件名，在右侧窗口中可见到八个文件夹，双击图层，右侧窗口中将列出旧文件所建立的全部图层名，通过右键采用"复制"→"粘贴"法或左键拖动法，均可将旧文件中的图层名复制到当前新图形文件中。

5）同理，可复制线型、文字样式、标注样式、块等。

9-2 利用工具选项板绘制图9-19所示的轴承。

操作提示：

1）打开"工具选项板"，在"工具选项板"的"机械"选项卡中选择"滚动轴承"块，插入到新建空白图形，通过快捷菜单进行缩放。

2）利用"图案填充"命令对图形剖面进行填充。

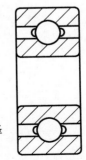

图9-19 绘制轴承

9-3　利用设计中心创建一个常用机械零件工具选项板，并利用该选项板绘制螺纹连接零件（螺栓、螺母、垫圈）和螺栓连接图，如图9-20所示。

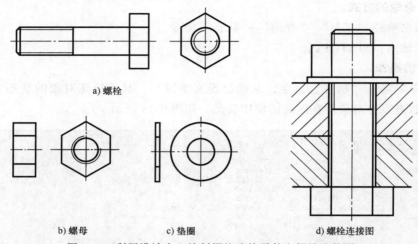

a) 螺栓

b) 螺母　　　　　c) 垫圈　　　　　　　　　　d) 螺栓连接图

图 9-20　利用设计中心绘制螺纹连接零件和螺栓连接图

操作提示：

1）分别绘制螺栓、螺母和垫圈并保存。

2）打开"设计中心"与"工具选项板"，创建一个新的工具选项板选项卡。

3）在"设计中心"查找已经绘制好的螺栓、螺母和垫圈零件图。

4）将查找到的螺栓、螺母和垫圈零件图拖入新创建的"工具选项板"选项卡中。

5）打开一个新图形文件。

6）将需要的图形文件模块从工具选项板上拖入当前图形中，并进行适当的缩放、移动、旋转等操作，最终完成螺栓连接图。

第10章 打印输出

10.1 从模型空间输出图形

10.1.1 页面设置

页面设置主要设置打印图形时使用的图纸尺寸、打印设备等。

单击菜单栏"文件"→"页面设置管理器"命令，打开"页面设置管理器"对话框，如图 10-1 所示。

"当前页面设置"框内显示当前图形已有的页面设置，并在"选定页面设置的详细信息"框中显示指定页面的设置信息。"页面设置管理器"对话框的右侧有"置为当前（S）""新建（N）""修改（M）"和"输入（I）"四个按钮，分别用于将在列表框中选中的页面设置为当前设置、新建页面设置、修改在列表框中的页面设置以及从已有图形中导入页面设置。

1. 新建打印样式

如果要新建打印样式，就单击"页面设置管理器"对话框中的"新建"按钮，系统弹出"新建页面设置"对话框，如图 10-2 所示。

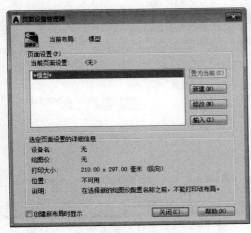

图 10-1 "页面设置管理器"对话框

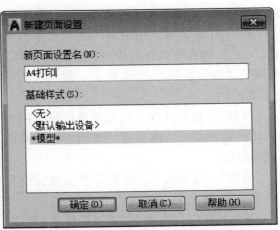

图 10-2 "新建页面设置"对话框

在"新建页面设置"对话框中的"新页面设置名"文本框中输入打印样式名称，如"A4打印"（默认为"设置1"）。从"基础样式"列表框中选择一个已有的基础样式或选择"无"，单击"确定"按钮，系统弹出"页面设置-模型"对话框，如图10-3所示。

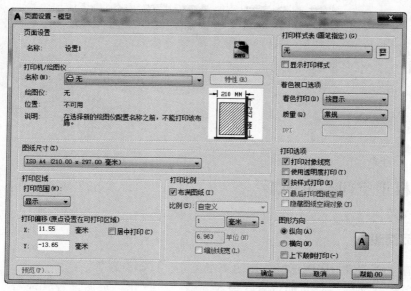

图10-3 "页面设置-模型"对话框

（1）"页面设置"选项组 此选项组中显示出当前设置的页面设置名称。

（2）"打印机/绘图仪"选项组 从"名称"下拉列表中选择打印机或绘图仪的型号。如果选择了打印机或绘图仪的型号，"特性"按钮便可以使用。单击"特性"按钮可打开如图10-4所示的"绘图仪配置编辑器"对话框，可根据需要设置。

（3）"图纸尺寸（Z）"选项组 从"图纸尺寸"下拉列表中选择需要打印图纸的尺寸，如"ISO A4（210.00×297.00毫米）"。此时，在该对话框中的图形区将自动显示出打印图纸的尺寸和单位，如图10-3所示。

（4）"打印区域"选项组 从"打印范围（W）"下拉列表中选择打印范围，有"窗口""范围""图形界限"和"显示"四项，各项功能如下。

"窗口"：选择此项，将返回绘图区，用光标拖出合适的窗口范围后返回对话框并按此窗口范围打印。

"范围"：选择此项，将打印当前视窗内所有的图形实体。

"图形界限"：选择此项，将按图形界限打印。

"显示"：选择此项，将打印显示图形。

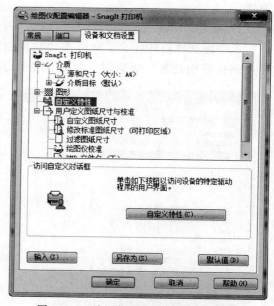

图10-4 "绘图仪配置编辑器"对话框

（5）"打印偏移"选项组

"X"：可用于设置图形左下角点的 X 坐标。

"Y"：可用于设置图形左下角点的 Y 坐标。

X、Y 为正值时，图形左下角起始点将向右上方移动；X、Y 为负值时，所输入的左下角点将显示在 X、Y 输入框中。在模型空间中，一般选择"居中打印"。

（6）"打印比例"选项组　可从"比例（S）"下拉列表中选择打印的比例，若选择标准比例，则打印单位与图形单位之间的比例自动显示在文字框中；若选择"自定义"，则打印单位与图形单位之间的比例需用户自行输入。如果选中"布满图纸（I）"选项，则打印图形时会自动把图形缩放比例调整到充满所选择的图纸上。

"缩放线宽（L）"：用于控制线宽是否按打印比例缩放，若关闭它，则线宽将不按打印比例缩放。一般情况下，打印时图形中各实体均按图层中指定的线宽来打印，不随打印比例缩放。

（7）"打印样式表（画笔指定）（G）"选项组　可从"打印样式表"下拉列表中选定所需要的打印样式。如果选择了某样式，右边"编辑"按钮便可用，单击"编辑"按钮可打开"打印样式表编辑器"对话框，如图 10-5 所示。在该对话框中，可进行颜色、线型等设置。单击"编辑线宽（L）"按钮，系统弹出"编辑线宽"对话框，可进行线宽设置。

（8）"着色视口选项"选项组　此选项组用于确定指定着色和渲染视口的打印方式，并确定它们的分辨率级别和每英寸点数。

（9）"打印选项"选项组　确定是按图形的线宽打印图形，还是根据样式打印图形。

（10）"图形方向"选择组　确定图形的打印方向，从中选择即可。

完成上述设置后，可单击"预览"按钮预览打印效果。单击"确定"按钮，返回"页面设置管理器"对话框，完成打印设置。

2. 修改已有的打印样式

如果要对已有的打印样式进行修改，则可从图 10-6 中选中某样式名称，再单击"修改"按钮，即可对所选的打印样式进行修改。例如，选中"A4 打印"，单击"修改"按钮，可以直接进入图 10-3 所示的对话框，其修改的方法与新建打印样式所述的方法相同。

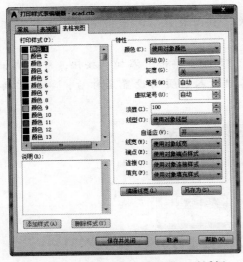

图 10-5　"打印样式表编辑器"对话框

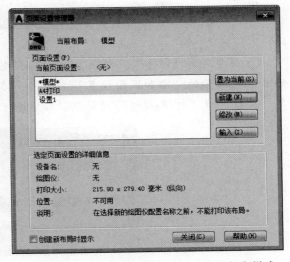

图 10-6　在"页面设置管理器"中修改打印样式

10.1.2　打印图形

单击菜单栏"文件"→"打印"命令，打开"打印-模型"对话框，如图10-7所示。

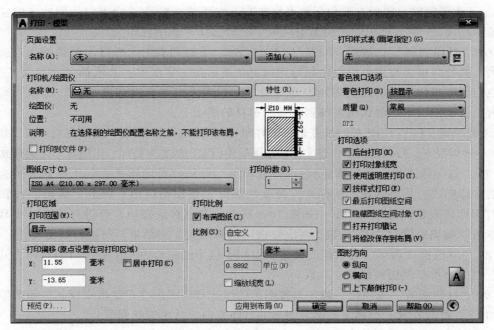

图 10-7　"打印-模型"对话框

1）如果已进行过"页面设置"，则可在该对话框中的"页面设置"名称下拉列表中显示出所设置的样式名称，从中选择某一种样式，再单击"确定"按钮，即可按该样式进行打印。

2）如果之前没有进行"页面设置"，则可用"打印-模型"对话框直接进行打印设置。

提示：

※"打印-模型"对话框中设置内容与上述的"页面设置"对话框中的设置基本相同，不同的是：

① 若要新建打印样式，则应在"打印-模型"对话框中单击"添加"按钮，系统弹出如图10-8所示的"添加页面设置"对话框，在其中输入新页面设置名称后，单击"确定"按钮返回"打印-模型"对话框，继续进行设置。

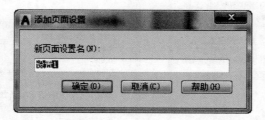

图 10-8　"添加页面设置"对话框

② "打印份数 (B)"：确定打印份数。

③ "预览 (P)"：在打印前可预览整个详细的图面情况，如图 10-9 所示。

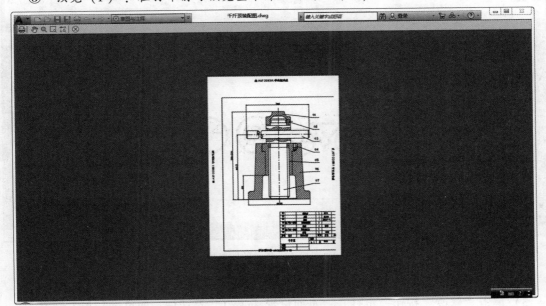

图 10-9 打印前预览图形

在预览区右击，从快捷菜单中选择"退出"或单击左上角的"关闭预览窗口"按钮即可返回"打印-模型"对话框，也可打印出图。

④ "应用到布局 (U)"：单击"应用到布局"按钮，可将设定的页面设置应用到图纸空间。

10.2 从图纸空间输出图形

模型空间与图纸空间是为用户提供的两种工作空间。模型空间可用于建立二维和三维模型的造型环境，是主要的工作空间。图纸空间是一个二维空间，就像一张图纸，主要用于设置打印的不同布局。

命令行上方有"模型""布局 1""布局 2"标签，一般绘制或编辑图形都是选择"模型"标签。"布局 1"或"布局 2"标签则用来设置打印的条件，如可以选择"布局 1"标签设置为 A3 图纸大小的打印格式，选择"布局 2"标签设置为 A0 大小的彩色绘图机打印格式。因此，可以在一个图形文件中，针对不同的绘图机或打印机、不同的纸张大小或比例分别设置成不同的打印布局。如果需要按某种页面设置打印，则只要选择相关的布局即可，不必做重复的设置工作。

设置"布局 1"打印格式的步骤如下：

1）选择"布局 1"标签，出现如图 10-10 所示的图纸空间环境。

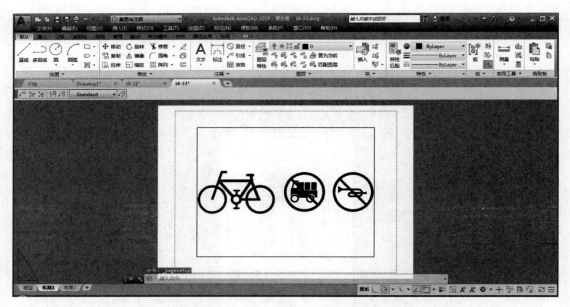

图 10-10 "布局 1"显示的图纸空间环境

2）单击菜单栏"文件"→"页面设置管理器"命令，打开如图 10-11 所示的对话框。

3）单击"修改"按钮，将打开"页面设置-布局 1"对话框，即可进行相关设置。

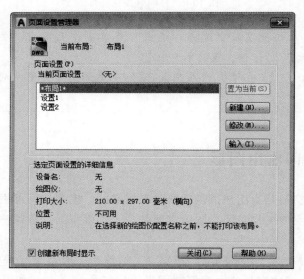

图 10-11 "布局 1"的"页面设置管理器"对话框

参 考 文 献

［1］ CAX 应用联盟. AutoCAD 2018 中文版从入门到精通 ［M］. 北京：清华大学出版社，2018.

［2］ 陈超，陈玲芳，姜姣兰. AutoCAD 2019 中文版从入门到精通 ［M］. 北京：人民邮电出版社，2019.

［3］ 马慧，孙曙光. 机械制图习题册 ［M］. 4 版. 北京：机械工业出版社，2013.

［4］ 马慧，李奉香，曹秀鸽. AutoCAD 2008 工程绘图实用教程 ［M］. 北京：高等教育出版社，2009.